教養としての猫
監修）山本宗伸
田園子
思わず人に
話したくなる
猫知識
151
西東社

はじめに

猫と暮らして四十年、猫の仕事に関わり始めて二十年になります。

愛らしいペットである猫は、身近に開いている不思議への扉——野生への入口であるように思えてしかたありません。

「なぜ、トイレのあとに猛ダッシュするのだろう?」

「なぜ、残したごはんに砂をかけるしぐさをするのだろう?」

そんなふとした日常の疑問を探ろうとすれば、それは猫という生き物がどのように進化をしてきたか、野生ではどのような生き方をしてきたかをたどる、遥かなる旅への出発点です。

そしてその行動が野生に由来するものと知るにつけ、私たち人間とこんなにも溶け込んで生活していながら、太古の生活を忘れていない猫という存在に驚かされます。

長い年月をかけてＤＮＡに刻まれた生き物の習性とはそんなにも強いものなのか、お前はまだ故郷の森や砂漠に生きているのかと猫をなでながら問うのです。

この本には猫の進化や生態、歴史、最新科学で明かされた新事実など、いま現在知ることができる猫に関してのあらゆる情報を詰め込みました。

本書が猫という生き物の不思議を理解する一助となれば幸いです。

富田園子

目次

3 おどろきの身体能力

4 おどろきの生態と行動

5 歴史や文化と猫との関係

6 猫に好かれる人間になる

【画像クレジット】

P.89舌，P.173Black Cat Day…Getty Images／P.141蛇の目錯視…Cmglee／P.164バステト像，P.182二品親王女三宮，P.186浮世絵，P.192千代田之大奥元旦二度目之御飯…The Metropolitan Museum／P.164猫のミイラ…Øyvind Holmstad／P.166犬と猫のレリーフ…Wst／P.167ポンペイの豚…RealCarlo／P.168ダイアナ像…Commonists／P.169猫のブロンズ像…Katolophyromai／P.173ベルギー猫祭り…cirdub／P.177フクロネコ…Michael Barritt & Karen May／P.178サイモンの墓…Acabashi／P.179アライグマと猫…USMC Archives from Quantico, USA／P.185流行猫の戯，P.185梅幸百種之内岡崎猫，P.190膝の上猫の寿古六，P.192近世人物誌天璋院殿…東京都立中央図書館／P.186蚕やしない草…国立大学法人東京農工大学科学博物館／P.188猫の草紙，P.189浄瑠璃町繁花の圖，P.190山海愛度図会をゝいたい，P.191東海道五十三次はじ物，P.194吾輩は猫である挿絵，P.195ノラや大扉…国立国会図書館／P.189眠り猫…Jean-Pierre Dalbéra／P.201猫の群れ…暇・カキコ

1

猫の起源をひもとこう

犬と猫は共通の祖先から生まれた

現在、世界中で人気を二分するペットである犬と猫。「犬派？　猫派？」なんてよく対比されますが、じつはもとは同じ祖先から生まれています。その祖先とは、はるか古代、恐竜が絶滅したあとの時代に現れたミアキスという動物。体長は20～30㎝ほど、イタチに似た原始的な動物でした。肉を噛み切る列肉歯（れつにくし）をもち、鳥やげっ歯類などの小動物を捕食して暮らしていました。これが**犬や猫のみならず**、**クマやアシカなどすべての肉食動物の祖先**です。

ミアキスからは多くの系統が生まれました。そのなかの一種、プロアイル

ミアキス

名前の由来はラテン語で「動物の母」。胴長で足が短くイタチに似た動物。ネコ科のほか、犬やクマなどすべての肉食動物の祖先です。

5000万年前

プロアイルルス

長い胴体に短い足、鋭利なカギ爪と長い尾をもった動物。ネコ科動物の祖となります。

3000万年前

プセウダエルルス

身軽で俊敏、するどい犬歯をもった動物。大きさは猫と同じくらいやピューマほどの大きさのものまで数種いたよう。

500万年前

ルスと呼ばれる動物がネコ科動物の祖先となります。プロアイルルスからプセウダエルルスが生まれ、その後ライオンやヒョウ、ヤマネコなど多くのネコ科動物に枝分かれしていきました。

そのなかの一種、**いまでもアフリカやアジアに暮らすリビアヤマネコが猫（イエネコ）の祖先**。ミアキスから猫が生まれるまで、じつに5000万年以上の年月がかかっています。

犬はどうやって進化した？

ミアキスはもともと森の中で暮らしていました。そこから平原に出て暮らすようになったのが犬の祖先。ミアキスは爪を出し入れできましたが、平原に出た犬の祖先は爪が出たままになり、走るときにスパイクの役割を果たすようになります。獲物を追って長距離を走る生活に適応したのです。

リビアヤマネコ

ヨーロッパヤマネコの亜種で、アフリカヤマネコともいいます。イエネコよりひとまわり大きく、足が長くほっそりとした体型をしています。

イエネコ

リビアヤマネコが人のそばで暮らすようになり、数千年かけて形質が変わったとされる動物がイエネコ。いわゆる「猫」とは、このイエネコを指します。

進化とは

長大な時間経過にともない生物がより効率のよいものへと変化していくこと。突然変異した遺伝子が子孫代々に受け継がれて、新種が生まれることで進化が起こります。

現代

13万年前

2

はじめは森にすんでいた猫の祖先

P.12にあるとおり、猫の祖先であるミアキスは森林にすんでいました。当時の地上には、ミアキスより大きく強いヒアエノドンなどの肉食獣が闊歩していたため、**ミアキスは樹上で生活せざるをえませんでした**。するどいカギ爪は木を上り下りしたり、獲物を捕まえたりするのに役立ったことでしょう。現代の猫がもつすぐれたジャンプ力や平衡感覚は、祖先であるミアキスから受け継がれたものなのです。

森にすんでいた名残り

高いところに上がれるジャンプ力

猫は後ろ足をバネのように使って、体長の約5倍の高さまでジャンプすることができます。

☞P.98 猫の最長ジャンプ

バランスをとる平衡感覚

せまい足場でも上手にバランスをとって歩けます。樹上生活には必要不可欠な能力です。

☞P.72 抜群のバランス感覚で細い道もすいすい

器用な前足

木の幹にしがみつくには、前足を広げて先を内側に向ける必要があります。霊長類とネコ科動物以外にこの動きができる動物はほとんどいません。

3 森から砂漠に追いやられた弱者が猫の祖先となる

長らく森林で暮らしていた猫の祖先でしたが、やがて個体数が増えるとともに森林の外へ追いやられる者が出てきます。乾燥した砂漠や岩石地帯など、**水や隠れ場所も少ない厳しい環境で生きるしかなかったのが、リビアヤマネコ**。暑さの厳しい日中は日陰で休み、夕暮れや明け方に活発になるという習性はこのころからのものです。

現代の猫に森林での暮らしに適応した能力と、乾燥地帯に適応した特徴が共存しているのは、こうした背景があったためです。

砂漠にすんでいた名残り

水をあまり飲まない

乾燥地帯では水は貴重。だから、少ない水分でも生きていける体になりました。

尿が濃い

失う水分を減らすため、少しのオシッコに老廃物を凝縮して排泄します。だから猫のオシッコは臭いのです。

砂で排泄

砂を用意しておけば、とくに教えなくてもそこで排泄するのが猫。これこそ砂漠出身の名残りです。

4 猫が人のそばで暮らし始めたのは「都合がよかった」から

何万年も砂漠で暮らしていたリビアヤマネコ。それがなぜ人に飼われるようになったのでしょうか。

きっかけは、人類が農耕を始めたこと。農作物を狙ってネズミが集まったのです。もちろん人々にとってネズミは大敵。苦労して育てた農作物をネズミに食べられてはたまりません。いっぽう猫にとってネズミは獲物。人間の集落に行けば獲物を効率よく得られるので、猫も集落に集まるようになりました。

害獣であるネズミを駆除してくれる猫を人々は大歓迎。しかも見た目も愛らしいとくれば、これをかわいがらな

☞P.164 古代エジプトでは猫は神と崇拝された

い手はありません。猫としては「獲物もたくさんいるし、なぜか人間はかわいがってくれるし、ここは居心地がい い」というわけ。つまりWin-Win(ウィンウィン)の関係だったのです。

人のそばで暮らすうち、リビアヤマネコはじょじょに猫（イエネコ）へとその形質を変えていきます。古代エジプトの壁画などの遺跡では、人々と暮らす猫の姿を垣間見ることができます。

牛や豚とは異なる猫の「家畜化」

家畜というと牛や豚を思い浮かべますが、じつは猫も家畜の一種。野生の動物を人が飼い慣らし、数世代にわたって繁殖を管理していればそれは家畜です。そして野生種からの変化を「家畜化」と呼びます。
ふつうは動物を捕獲して、逃げないよう柵で囲うなどして飼育します。しかし猫の場合は特殊で、捕らえられてはおらず逃げようと思えば逃げられる環境でした。つまり猫は自らの意志で人に近づき、人のそばで繁殖をくり返したのです。これが牛や豚とは大きく異なる点。人が完全に繁殖を管理していないことなどから、猫を「半家畜化」「家畜らしくない家畜」と呼ぶ専門家もいます。

世代を重ねるごとに人懐こくなった

人懐こい個体は人に守られて生存に優利になり、繁殖の機会も増えます。その結果、人懐こい性質をもつ子孫が増えていきました。

5

979匹のDNA解析からわかった、猫の祖先はリビアヤマネコ

猫の祖先がヨーロッパヤマネコの亜種のひとつ、リビアヤマネコであることは以前から多くの動物学者によって推測されていました。しかしなかには異論もありましたし、そもそも近縁のヤマネコどうしの分類もあいまいな状態でした。生息地や体のつくりから種や亜種を推測する、従来の分類法では限界があったのです。

この議論に終止符が打たれたのは2007年のこと。オックスフォード大学の研究チームが、リビアヤマネコを含む近縁のヤマネコと、日本やアメリカに暮らす猫、合わせて979匹の血液サンプルを集めてDNAを調べたのです。その結果、**猫の祖先が確かにリビアヤマネコであることがわかりました。**さらに近縁のヤマネコたちの分類もはっきりしました。

科学技術の進歩によって、ようやく「猫の祖先はリビアヤマネコ」が確定事項になったのです。

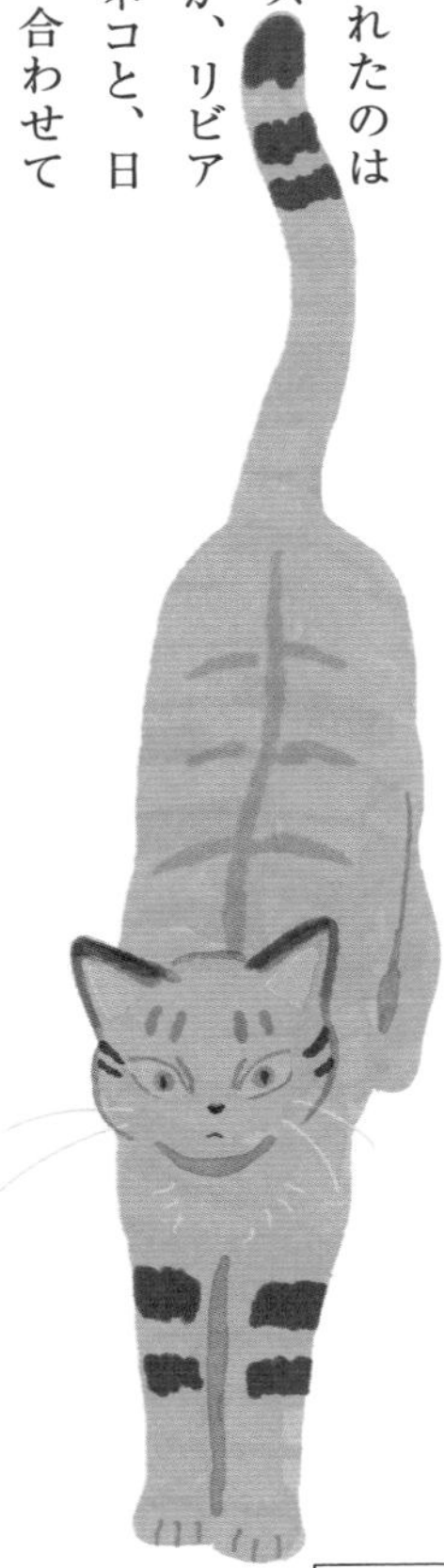

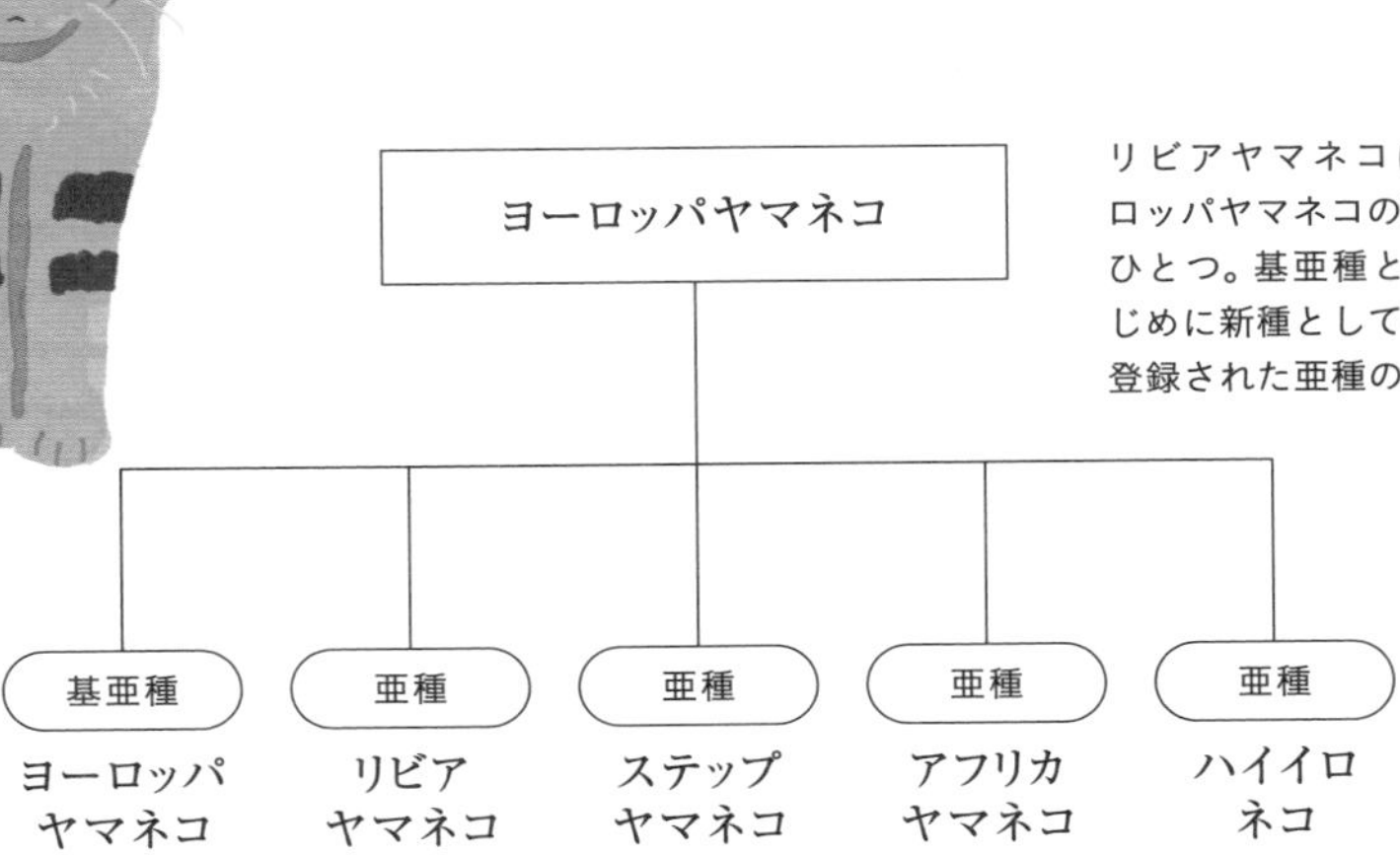

ヨーロッパヤマネコ

基亜種	亜種	亜種	亜種	亜種
ヨーロッパヤマネコ	リビアヤマネコ	ステップヤマネコ	アフリカヤマネコ	ハイイロネコ

リビアヤマネコはヨーロッパヤマネコの亜種のひとつ。基亜種とは、はじめに新種として学会に登録された亜種のこと。

6 なぜリビアヤマネコだけが「猫」になれたのか

右ページにあるように、リビアヤマネコはヨーロッパヤマネコの亜種のひとつ。細かいところでちがいはあるものの、5つの亜種はそっくりです。なのになぜ、リビアヤマネコだけが家畜化されて猫になれたのでしょうか。

理由は2つ。ひとつは、**人類が農耕を始めた場所のそばに生息していたのがリビアヤマネコだったから**。下の地図を見ればわかるように、各亜種はそれぞれ生息地が異なります。農耕が始まったとされるレバント地方や、古代エジプト文明のそばに生息していたのはほかならぬリビアヤマネコ。地理的な理由があったのです。

もうひとつの理由は、リビアヤマネコの気質。ほかの亜種と比べて**リビアヤマネコは気性が穏やか**でした。さらに、リビアヤマネコのなかでも獰猛さの少ない個体が人里に近づいたと思われます。弱気な個体は気の強い個体に追いやられて「怖いかもしれない」人里のそばになわばりを作るしかなかったのです。この現象は、ほかの動物にも見られるものです。

こうした気質と地理的な偶然があったからこそ、われらが愛する猫が奇跡的に誕生したのです。

**ヨーロッパヤマネコ
亜種の生息地**

レバント地方
古代エジプト
リビア
ステップ
アフリカ
ヨーロッパ
ハイイロ

7 歴史は変わる。猫と人の暮らしは1万年前から？

長いあいだ、猫と人との暮らしの始まりは「3500年ほど前の古代エジプトから」というのが定説でした。年代の根拠は、猫と人との共生がわかる最古の資料が古代エジプトの遺跡であり、それが3500年ほど前のものだったからです。

しかし近年、この定説を揺るがす新発見がありました。日本史で鎌倉幕府の成立が1192年ではなくなったように、新発見や研究の成果によって歴史が変わるのはままあることです。

2004年、地中海にあるキプロス島から人骨とともに埋葬された猫の骨が見つかりました。装飾品とともに手厚く埋葬されていたことから、この猫は愛玩されていたことがわかりました。**この遺骨が9500年ほど前のものであることが学者たちをざわつかせました。**これまでの説よりもぐっと時代を遡る（さかのぼる）ことになるからです。キプロス島では猫以外にも多くの動物の遺骨が見つかり、学者のあいだでこの発見は「キプロスショック」と呼ばれました。

キプロス島で発見された遺骨が、すでに家畜化された「猫」なのか、それとも1匹だけ捕獲され珍獣として愛玩された野生のリビアヤマネコなのかはわかりません。ただ、人類が農耕を始めたのは約1万年前といわれ、キプロス島の発見と時代が重なります。また農耕が始まった場所はキプロス島のすぐそば、地中海沿岸のレバント地方。レバント地方で家畜化され始めた猫が、船でキプロス島に運ばれそこで愛玩された……というシナリオが浮かびます。

9500年前の猫の遺骨が見つかったキプロス島

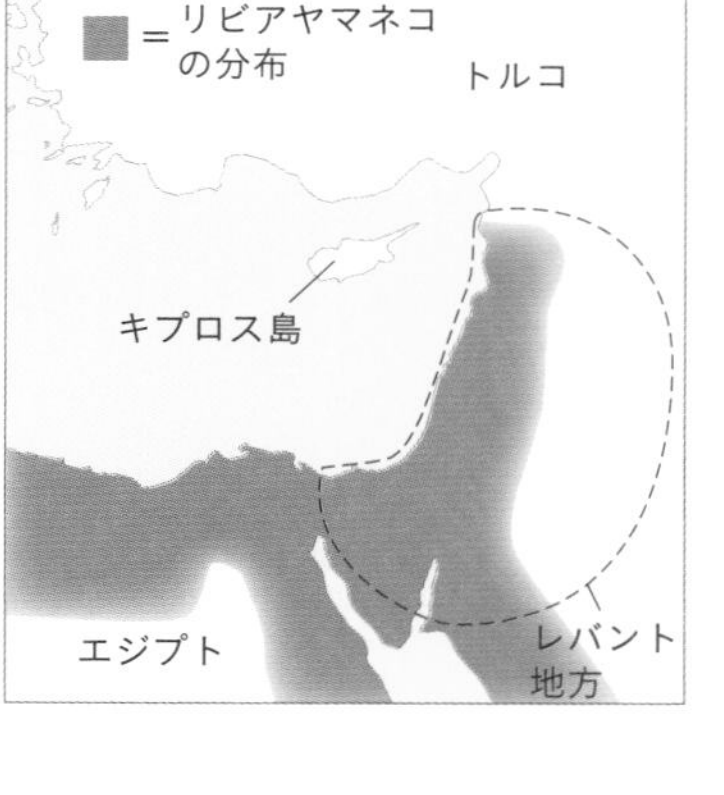

■＝リビアヤマネコの分布
トルコ
キプロス島
エジプト
レバント地方

リビアヤマネコと猫は遺伝子がほとんど変わらない

8

現在もアフリカなどに暮らす野生種のリビアヤマネコと、世界中に広まった家畜種の猫。**じつは遺伝子レベルではほとんど同じであることがわかっています。**その証拠に、イエネコとリビアヤマネコの間で繁殖することも可能です（犬と猫では繁殖できないように、基本的に同じ種でないと繁殖はできません）。ペットとして飼われているイエネコも、その生態は野生のリビアヤマネコとほとんど変わりません。

もちろん異なる部分もあります。2014年に発表された研究では、リビアヤマネコとイエネコは281個の遺伝子に変化があることがわかったそう。**約2万個ある遺伝子のうちの1%に過ぎない変化**が、イエネコ特有の特徴を生んでいます。

イエネコはリビアヤマネコより体格や脳が小型化

家畜化されると体や脳が小さくなる現象は、猫に限らず馬や豚にもあてはまります。イエネコはリビアヤマネコより脳が25%小型化しています。

世界中の猫は すべて同じ 「イエネコ」という種類

「種」の定義については諸説ありますが、わかりやすいのは繁殖可能な単位のこと。そして種のなかで形態的に異なった特徴をもつ個体群を「品種」といいます。世界には多くの猫種（品種）が存在しますが、種でいえばみな同じイエネコ。男爵もキタアカリも同じジャガイモであるように、アメリカンショートヘアもペルシャもマンチカンも、イエネコのなかの一品種であるに過ぎません。

猫種は純血種とも呼ばれ、対義語は雑種。言葉の響きから純血種より雑種のほうが劣るようなイメージを受けますが、考えてみればおかしなことです。雑種も何も、みなイエネコというひとつの種なのですから。

生物学上、特定の種には学名（scientific name）がつけられます。学名は世界共通で、ラテン語からなり斜体で表記されるルールがあります。猫は英語ではcat、ドイツ語ではkatzeですが、同じ種に対して表記がバラバラだと各国の研究者が議論するのに不便です。そのため、一種に対してひとつの学名をつけることが中世から導入されました。いま世界中にいるイエネコの学名は*Felis silvestris catus*です。

学名	フェリス シルベストリス カトス *Felis silvestris catus* ネコ属 森林性の イエネコ
種名（英名）	domestic cat
種名（和名）	イエネコ
通称（和名）	猫

※本書で「猫」と表記した場合、とくに説明がなければこのイエネコを指します。

2

知るほどおもしろい
猫種と毛柄

10 現在の猫種は60種ほど。今後ますます増えていく

2023年現在、猫の品種は40～70種ほどいることが確認されています。**数に幅があるのは、登録団体によって認めている猫種がちがうから。**例えば短足猫として知られるマンチカンは遺伝性疾患の恐れがあるとして、猫種として認めていない団体があります。

さらに、いまも世界中のブリーダーが品種改良によってつぎつぎと新しい猫種を生み出しており、公認を待つ猫種は100種以上いるといわれています。今後も新しい猫種が現れ、私たちを驚かせてくれることでしょう。

猫種の登録団体

CFAとTICAが二大団体。日本にも支部があり、キャットショーを行ったり血統書の発行を行ったりしています。キャットショーは一般人も見学することができます。

猫の出身国MAP

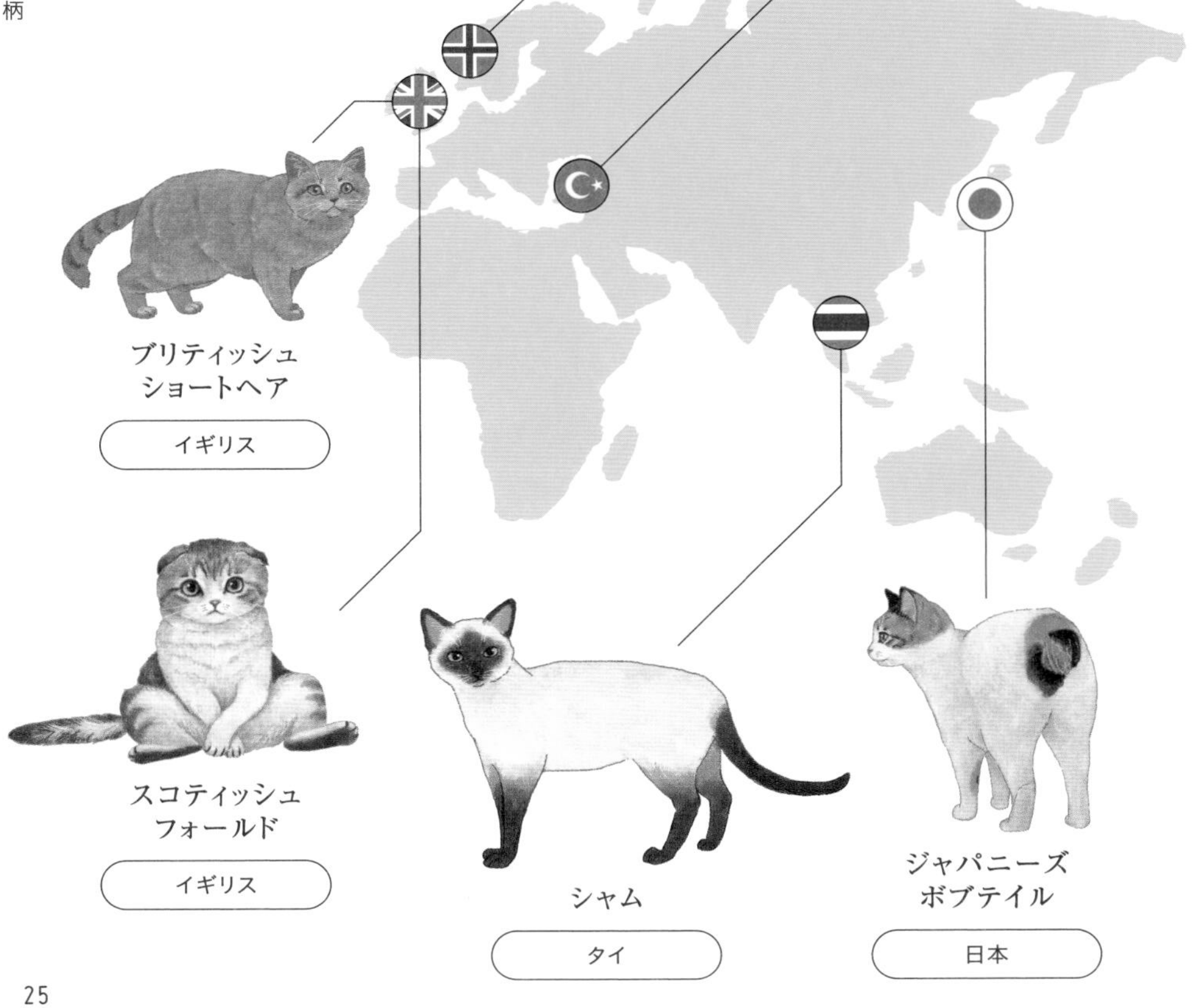

ノルウェージャンフォレストキャット
ノルウェー

ターキッシュアンゴラ
トルコ

ブリティッシュショートヘア
イギリス

スコティッシュフォールド
イギリス

シャム
タイ

ジャパニーズボブテイル
日本

猫種の由来は3パターン

[1] 自然発生

特定の地域に存在していた、いわゆる土着猫。その地域に適応した体格や毛並みをもつものが多い。

- アメリカンショートヘア
- アビシニアン
- ジャパニーズボブテイル

など

[2] 突然変異

突然変異により生まれた珍しい特徴を固定し、その子孫にも表れるようにした猫種。

- スコティッシュフォールド
- アメリカンカール
- スフィンクス

など

[3] 品種改良

既存の猫種どうしを人が交配して新しく生み出した猫種。「人為的発生」ともいいます。

- エキゾチックショートヘア
- ベンガル
- ヒマラヤン

など

猫種は数多ありますが、由来は3パターンに分けることができます。[1]自然発生。日本にたくさんいた短いカギしっぽの猫がのちにジャパニーズボブテイルという猫種になったように、その土地ならではの形態的特徴をもつ猫たち。[2]突然変異。折れた耳や無毛など、偶然生まれた珍しい特徴を残すべく、猫種として固定したもの。[3]品種改良。理想の形態を求め、人が猫どうしを掛け合わせて新しい猫種を生み出したもの。[1]はすでに猫種として登録されているのがほとんどで、今後新たに現れる可能性があるのは[2]と[3]です。

血統書とは

その猫種であることを証明する戸籍のようなもの。血統書が発行されるのは血統登録されている両親から生まれた猫のみで、書類には両親や祖父母、曾祖父母の情報も記載されています。

12

犬ほど多くの品種がいないのは猫はネズミ捕り以外役に立たなかったから

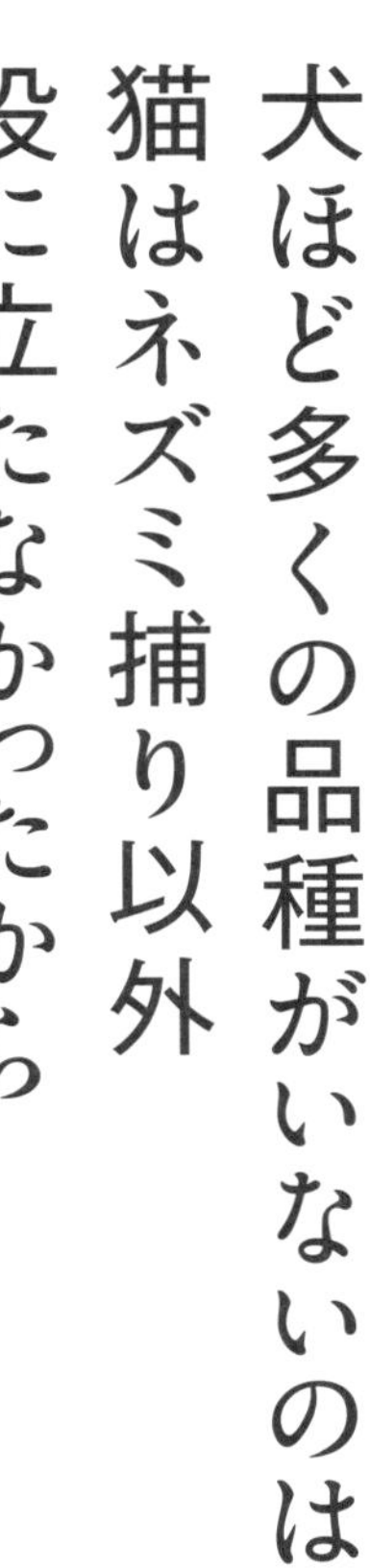
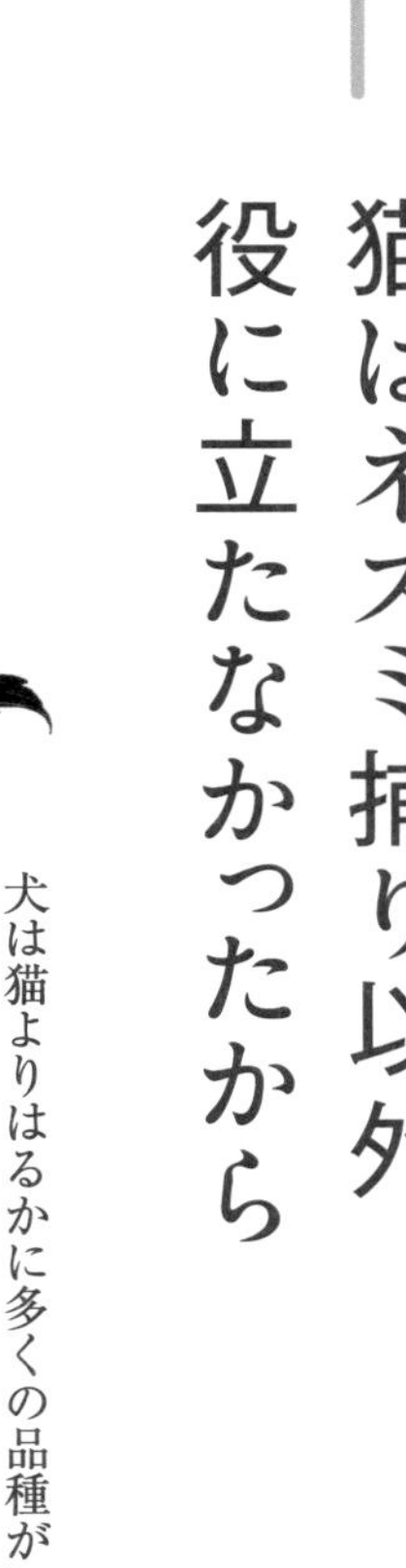

犬は猫よりはるかに多くの品種がいますし、体重50kgを超える犬もいれば皮膚がダブダブの犬もいるなど、形態的なバラエティーも断然豊富です。その理由は、**犬が家畜化されたのは猫よりはるかに昔**だから。人類が農耕生活を始める前、狩猟採取生活を送っていた時代から生活をともにしているからです。人とともに暮らした歴史が長いぶん、多くの犬種が生まれたのですね。

さらに群れで暮らす犬は命令に従うという性質をもつため、猟犬や牧羊犬、警察犬など**用途に合った犬種が生み出されました**。獲物の穴に入って獲物を追い立てるため、胴長短足に改良されたダックスフントの例はわかりやすいでしょう。

いっぽう**猫が人間の生活に役立つことといえばネズミ捕りだけ**。それは猫でありさえすればできることで、形態の改良は必要なし。猫の品種改良は、かわいさの追求という目的しかないのです。

体重比較

	最大	最小
犬	グレートデーン 54kg	チワワ 1.5kg
猫	メインクーン 8kg	トイボブ 2kg

猫の体型は6種類ある　13

同じ猫といってもよく見ればスタイルがけっこうちがうものです。丸々としてずんぐりむっくりなタイプが好きな人もいれば、スラリとしたスタイルに魅力を感じる人、堂々とした大柄の猫がたまらないという人もいるでしょう。各猫種は基準となる体型が決まっていますが、雑種の猫も「この子はセミフォーリンかな?」などと推測してみると楽しそうです。

顔の形と性格

アメリカの学者アーデン・ムーア氏は、猫の顔の形によって性格がわかると述べています。丸顔(コビー、セミコビー)はおとなしく従順、三角顔(オリエンタル、フォーリン、セミフォーリン)は好奇心旺盛で活発、利発。四角顔(ロング&サブスタンシャル)は優しくて愛情深く社交的。うなずける気がしますが、あなたはいかが?

コビー

全体的に丸く、足や胴が短くずんぐりむっくり。顔も丸く大きめ。ペルシャやエキゾチックなど。

フォーリン

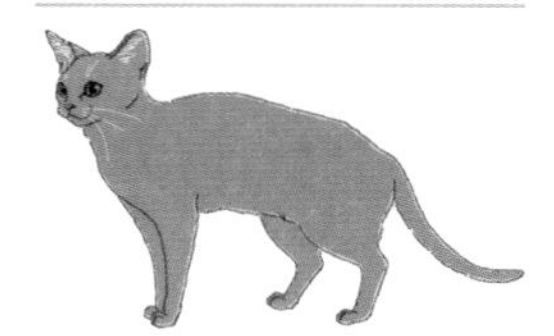

オリエンタルほど細くなく、コビーほど丸くない、ほどよい中肉中背。アビシニアンやロシアンブルーなど。

オリエンタル

非常に細身なボディと長い足、逆三角形の小さな頭が特徴。シャムやオリエンタルショートヘアなど。

セミコビー

コビーより胴や足が長め。アメリカンショートヘアやスコティッシュフォールドなど。

セミフォーリン

フォーリンより足が短く、肉づきがよい体型。エジプシャンマウやアメリカンカール、マンチカンなど。

ロング&サブスタンシャル

骨太で筋肉質、がっしりとした体格。メインクーンやノルウェージャンフォレストキャットなど。

イエネコとヤマネコのハイブリッドがいる 14

猫種のなかで変わりダネといえば、ほかのネコ科動物との交雑種。代表的なのはベンガルです。ベンガルヤマネコとイエネコを交配して作った猫種で、ヒョウのような斑点模様が魅力。独特の毛柄はヤマネコの遺伝子にほかなりません。ただし、交配して最初に生まれた猫（第1世代）はヤマネコの血が濃くて気性が荒く飼育には不向き。イエネコと掛け合わせてヤマネコの血を薄くした第4世代以降が猫種として認められます。ほかにサバンナ（サーバルキャットとの交雑種）やチャウシー（ジャングルキャットとの交雑種）もいます。

大きな猫種は寒い土地出身 15

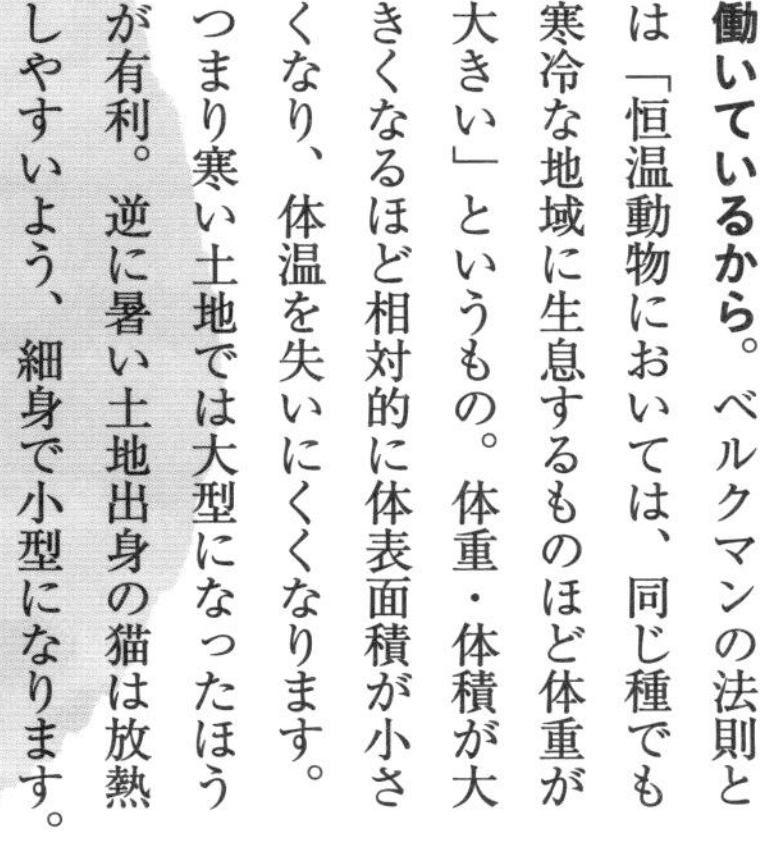

自然発生タイプの大型猫は、サイベリアンやメインクーン（P.42）、ノルウェージャンフォレストキャット（P.38）など、みな寒い土地の出身ばかりです。それは**「ベルクマンの法則」が働いているから。**ベルクマンの法則とは「恒温動物においては、同じ種でも寒冷な地域に生息するものほど体重が大きい」というもの。体重・体積が大きくなるほど相対的に体表面積が小さくなり、体温を失いにくくなります。つまり寒い土地では大型になったほうが有利。逆に暑い土地出身の猫は放熱しやすいよう、細身で小型になります。

世界の猫種図鑑

代表的な猫種や人気の猫種をご紹介します。
多彩な顔ぶれをご覧あれ。

アビシニアン

Abyssinian

ルーツ：エチオピアで自然発生（諸説あり）
体　型：フォーリン
毛　種：短毛

名前の由来はアビシニア（現在のエチオピア）から。ティックドタビー（P.58）と呼ばれる毛柄が特徴。古代エジプトの壁画の猫やバステト（P.164）に容姿が似ていることから、祖先のリビアヤマネコに近い猫種といわれています。細い足でバレリーナのようにつま先立ちするエレガントな姿から、バレエキャットの異名があります。

アビシニアンの長毛バージョンがソマリ

アビシニアンから突然変異で生まれた長毛猫を品種として固定したのがソマリ。名前の由来は国名のソマリアから。ソマリアにゆかりはありませんが、アビシニアの隣国だったため。しゃれが効いていますね。

Somali

※猫種名は各団体で異なる場合があります。

アメリカンカール
Amerian Curl

ルーツ：アメリカで突然変異
体　型：セミフォーリン
毛　種：短毛・セミロング

1981年、カリフォルニアにすむルーガ夫妻のもとに迷い込んできた反り耳の子猫がルーツ。シュラミス（黒い美女）と名づけられたその子猫は半年後に4匹の子猫を産み、うち2匹が反り耳だったことから、反り耳は優性遺伝とわかりました。耳は90～180度の角度まで反るのが理想とされています。

アメリカンショートヘア
American Shorthair

ルーツ：アメリカで自然発生
体　型：セミコビー
毛　種：短毛

アメリカの土着猫。大航海時代、開拓者とともにイギリスから北米に渡った猫がルーツ。船上や新天地でネズミ駆除役として働いたため、「Working Cat」「Mouser」（ネズミ捕り）と呼ばれます。上のシルバークラシックタビーの毛柄が有名ですが、ほかにも多くの毛柄があります。

☞P.176　大航海時代になると船に乗って新大陸へ猫が到達

エキゾチック ショートヘア
Exotic Shorthair

ルーツ：アメリカで品種改良
体　型：コビー
毛　種：短毛

穏やかでおっとりとしたペルシャ (P.40) は飼いやすく人気でしたが、毛の手入れだけは時間がかかります。そこで「短毛でお手入れが楽なペルシャ猫」「怠け者のためのペルシャ」を目指して作出されたのがこの猫種。ずんぐりした体と短めの足、鼻ぺちゃの顔はまるでぬいぐるみのようです。

エジプシャンマウ
Egyptian Mau

ルーツ：エジプトで自然発生
体　型：セミフォーリン
毛　種：短毛

エジプトの土着猫で、斑点模様 (スポッテッドタビー／P.58) が特徴。古代エジプトの壁画にはエジプシャンマウに似た猫が描かれており、当時の血統を色濃く残しているといわれます。1953年、イタリアに亡命中だったロシアの王女ナタリー・トルベツコイがエジプト大使館でこの土着猫に出会い感銘を受け、自ら繁殖して猫種として登録しました。Mauとはエジプトの言葉で猫を指します。

ジャパニーズ
ボブテイル

Japanese Bobtail

ルーツ：日本で自然発生
体　型：フォーリン
毛　種：短毛・セミロング・長毛

日本の土着猫で、短いカギしっぽ（ボブテイル）が特徴。アメリカには少ないボブテイルの猫に驚いたブリーダーが、自国に持ち帰り猫種として登録しました。三毛柄は英語ではCaricoですが、この猫種の三毛柄は日本式に「Mi-ke」と表現されます。

☞P.187　長崎にカギしっぽの猫が多いのは出島の名残り

『名所江戸百景 浅草田甫酉の町詣』

歌川広重作

江戸時代の浮世絵には短いカギしっぽの猫が多く見られます。これがジャパニーズボブテイルのルーツです。

日本猫はもう存在しない

土着の猫をとくに珍しいとも思っていなかった日本人。純血種として繁殖したり登録するという考えももっていませんでした。1950年代、海外から洋猫が多く輸入され、当時は放し飼いがふつうだったため、日本猫と洋猫の混血が多く誕生。そのため、いまは「これが純粋な日本猫です」といえる猫はいなくなってしまいました。もし早く気づいていたら、ジャパニーズショートヘアなどの名前で猫種が生まれていたかもしれません。

シャム
Siamese

ルーツ：タイで自然発生
体　型：オリエンタル
毛　種：短毛

タイの土着猫で、名前はタイの古い国名です、古くから「月のダイヤモンド」と讃えられていました。スリムな体型とポイントカラー（P.60）が特徴。ヨーロッパに輸入されると当時イギリスで始まったばかりのキャットショーに出展され、人気を博しました。日本でも1960年代にシャム猫ブームが到来。活発で人懐こく、頻繁に鳴く甘えん坊です。

シンガプーラ
Singapura

ルーツ：シンガポールで自然発生
体　型：セミコビー
毛　種：短毛

シンガポールの土着猫。街中のドレイン（下水管）を隠れ家としていたため、ドレインキャットと呼ばれていました。淡く光るティックドタビー（P.58）の被毛をもつ小柄な猫に魅了されたアメリカ人が猫種として登録。愛らしくて甘えん坊なので「小さな妖精」と呼ばれています。

スコティッシュフォールド
Scottish Fold

ルーツ：イギリスで突然変異
体　型：セミコビー
毛　種：短毛・セミロング・長毛

折れ耳、丸顔が人気の猫種。1961年にスコットランドの農場で生まれたスージーという名の白猫がルーツです。折れ耳のスージーが産んだ子猫はやはり折れ耳で、この特徴が優性遺伝ということがわかりました。日本では「スコ座り」と呼ばれる前足を投げ出した座り方は、海外では「Buddaha Position」（ブッダの座り方）と呼ばれます。折れ耳は軟骨の形成異常によるもので、足の軟骨などにも異常が出ることがあり、「苦痛を伴う特徴をもつ猫種をあえて繁殖するのは虐待ではないか」という声から繁殖を禁止する国もあります。

スフィンクス
Sphynx

ルーツ：カナダで突然変異
体　型：セミフォーリン
毛　種：無毛

1966年、カナダのトロントで生まれた無毛の猫がルーツ。シワシワで猫らしくない風貌は、ハリウッド映画「E.T.」のモデルになったといわれます。じつはまったくの無毛ではなく、産毛のような細かい毛が生えており、手触りは温かい桃のようだとか。

ターキッシュアンゴラ

Turkish Angora

ルーツ：トルコで自然発生
体　型：フォーリン
毛　種：セミロング・長毛

トルコの首都・アンカラの土着猫。絹のような手触りの美しい長毛で、「トルコの生きる国宝」と呼ばれています。中世ヨーロッパで人気となり、ルイ16世やマリー・アントワネットにも寵愛されました。さまざまな毛色がありますが、純白が一番人気。すべての長毛猫の起源はこの猫種という説があります。

ターキッシュバン

Turkish Van

ルーツ：トルコで自然発生
体　型：ロング＆サブスタンシャル
毛　種：セミロング

トルコのバン湖周辺の土着猫。頭としっぽに色がありほかは白という模様は、この猫種にちなんでバンパターンと呼ばれます(P.52)。水を怖がらない猫種といわれますが、その理由は、この猫種を登録したイギリス人が猫連れで帰国する途中、車を停めて川で足を冷やしていると猫が水で遊び始めたことに由来します。泳ぐという噂もありますが真実味は薄そうです。

デボンレックス

Devon Rex

ルーツ：イギリスで突然変異
体　型：セミフォーリン
毛　種：短毛の巻き毛

波打つような巻き毛に大きな耳、逆三角形の顔をもつ猫種。イギリスのデボン州で保護された巻き毛のオス猫がルーツです。保護宅にいたメス猫のあいだに子猫が生まれ、そのうちの1匹が父親と同じ巻き毛でした。巻き毛の猫種はこのほかコーニッシュレックス、セルカークレックスなどがいます。

ケラチンの変異によって無毛や巻き毛が生まれる

デボンレックスの巻き毛はケラチンの生成に関わる遺伝子の突然変異によるもの。劣性遺伝で両親から同じ遺伝子を受け継ぐと発現します。同じ遺伝子に異なる変異が起きたのが無毛のスフィンクス（P.35）。スフィンクスの無毛遺伝子(hr)とデボンレックスの巻き毛遺伝子(re)の2つをもつと無毛になることから、hrはreより優性とわかります。

トイボブ

Toybob

ルーツ：ロシアで突然変異
体　型：セミコビー
毛　種：短毛・セミロング

おとなになっても2kgほどしかない、世界最小の猫種。短いカギしっぽ（ボブテイル）も特徴です。発祥は1980年代に保護された野良猫2匹。この2匹のあいだに生まれた子猫クッツィーが非常に小柄で、この猫種の祖となりました。

ノルウェージャンフォレストキャット

Norwegian Forest Cat

ルーツ：ノルウェーで自然発生
体　型：ロング＆サブスタンシャル
毛　種：長毛

ノルウェーの森に暮らしていた土着猫。8kg以上にもなる立派な体格で、厳しい寒さから身を護る厚い被毛がゴージャス。地元ではスコグカット（森林の猫）の愛称で呼ばれ、古い民話や神話に登場します。この猫種に見られるアンバーの毛色（琥珀色）はトルコに多く見られるもので、11世紀のバイキングがビザンティン帝国からこの猫を船で持ち帰ったという伝説もあります。

女神フレイアの戦車を引く猫

北欧神話の美と多産の女神フレイアは、2匹の猫が引く戦車に乗った姿で描かれます。この猫がノルウェージャンフォレストキャットだという伝説があります。猫に優しい人にはフレイアが幸福をもたらすと信じられ、北欧の農民はよく畑に猫のためのミルクや食べ物を置いていたそうです。

☞P.168　神話のなかの猫は多産や豊穣の女神

『夫を求めるフレイア』
ニルス・ブロマー作

ヒマラヤン

Himalayan

ルーツ：イギリスやアメリカで品種改良
体　型：コビー
毛　種：長毛

20世紀初頭、優美な長毛のペルシャ（P.40）とポイントカラーが魅力のシャム（P.34）はどちらも人気を博していました。「ならば両方の特徴をもつ猫がほしい！」となるのが人間の心理。そうして作られたのが、ペルシャの体格と毛並みにポイントカラーの毛色をもつヒマラヤンです。品種改良で生まれた最も古い猫種のひとつです。

ブリティッシュ ショートヘア

British Shorthair

ルーツ：イギリスで自然発生
体　型：セミコビー
毛　種：短毛

イギリス最古の土着猫。四肢が太く短い「ずんぐりむっくり体型」は島に暮らす動物の特徴で、私たち日本人も親近感を覚えます。ルイス・キャロル作『不思議の国のアリス』に出てくるチェシャ猫はこの猫がモデルといわれます。ブリティッシュブルーといわれるグレーの毛色が有名です。

ペルシャ
Persian

ルーツ：イランで自然発生
（諸説あり）
体　型：コビー
毛　種：長毛

最も古い猫種のひとつで、豊かな長毛と鼻ぺちゃの顔が特徴。19世紀にキャットショーに登場して以来、根強い人気があります。英国王室のビクトリア女王やナイチンゲールもこの猫種を寵愛したそう。猫種名はイランの古い国名で、イラン付近の土着猫だったといわれます。ちなみにチンチラはペルシャの毛柄の一種で、白い毛の先端だけに濃い色がついた「ティップド」という毛をもちます。チンチラは映画『007』シリーズで敵の愛猫として登場してから人気が高まりました。

Colonel Meow

世界一モフモフなミャオ大佐

2013年、世界最長の毛をもつ猫として認定されたミャオ大佐。ペルシャとヒマラヤン(P.39)のミックスで、毛の長さは22.87㎝！不機嫌そうな顔で一躍人気者となり、Facebookのフォロワー数は35万人を超えました。

マンクス
Manx

ルーツ：イギリスで突然変異
体　型：コビー
毛　種：短毛

イギリス・マン島の土着猫で、しっぽがない猫種。突然変異の遺伝子が孤島という特殊な環境で広まりました。伝説では、ノアの箱舟に乗り込もうと駆け込んできた猫のしっぽがドアに挟まれちぎれてしまったのがこの猫種といわれます。

マンチカン
Munchkin

ルーツ：アメリカで突然変異
体　型：セミフォーリン
毛　種：短毛・セミロング

1983年、アメリカ・ルイジアナ州で発見された短足の猫がルーツ。ブルドッグに追われてトラックの下に逃げ込んだ猫を音楽教師のサンドラさんが保護しました。ブラックベリーと名づけられたその猫は妊娠中で、やがて子猫を出産。子猫の半数は短足でした。名前は『オズの魔法使い』に登場する小人から。

メインクーン
Maine Coon

ルーツ：アメリカで自然発生
体　型：ロング＆サブスタンシャル
毛　種：セミロング

アメリカ・メイン州の厳しい環境で生き抜いてきた土着猫。体重が10kgを超えることもある世界最大の猫種です。名前は「メイン州のアライグマ」という意味。その大きさとモフモフの毛並みから、猫とアライグマとの交雑種という伝説がありました。ほかに、マリー・アントワネットが逃亡計画を立てていたときに、メイン州に送った愛猫の子孫という伝説もあります。

ラグドール
Ragdoll

ルーツ：アメリカで品種改良
体　型：ロング＆サブスタンシャル
毛　種：セミロング

メインクーンと肩を並べる世界最大の猫種。「布製のぬいぐるみ」という意味の名前が示す通り、おっとりとしておとなしい性格です。人懐こいので「Puppy Cat」（子犬のような猫）とも呼ばれます。1960年代、カリフォルニアの農場にいたジョセフィーヌという白い長毛猫の穏やかな性格に魅了された女性によって作出されました。

ラパーマ
LaPerm

ルーツ：アメリカで突然変異
体　型：セミフォーリン
毛　種：短毛の巻き毛・
長毛の巻き毛

1982年、アメリカ・オレゴン州の農場で生まれた子猫がルーツ。6匹のうち1匹だけが無毛で、飼い主は無事に育つかどうか心配したそう。生後8週ほど経つとその猫には巻き毛が生え揃い、カーリーと名づけられました。カーリーが産んだ子猫もみな巻き毛で、優性遺伝とわかりました。

ロシアンブルー
Russian Blue

ルーツ：ロシアで自然発生
体　型：フォーリン
毛　種：短毛

ロシアの代表的土着猫で、ロシアでは幸運の象徴とされています。王子の病気を癒したという民話もあり、ロシア皇帝にも愛されていたそう。この猫種がいた土地Arkhangelsk（大天使の町）から「Archangel Cat」（大天使猫）の異名も。口角が上がった表情はモナリザの微笑みにたとえられます。

16 猫種の親戚関係が遺伝子で解析されつつある

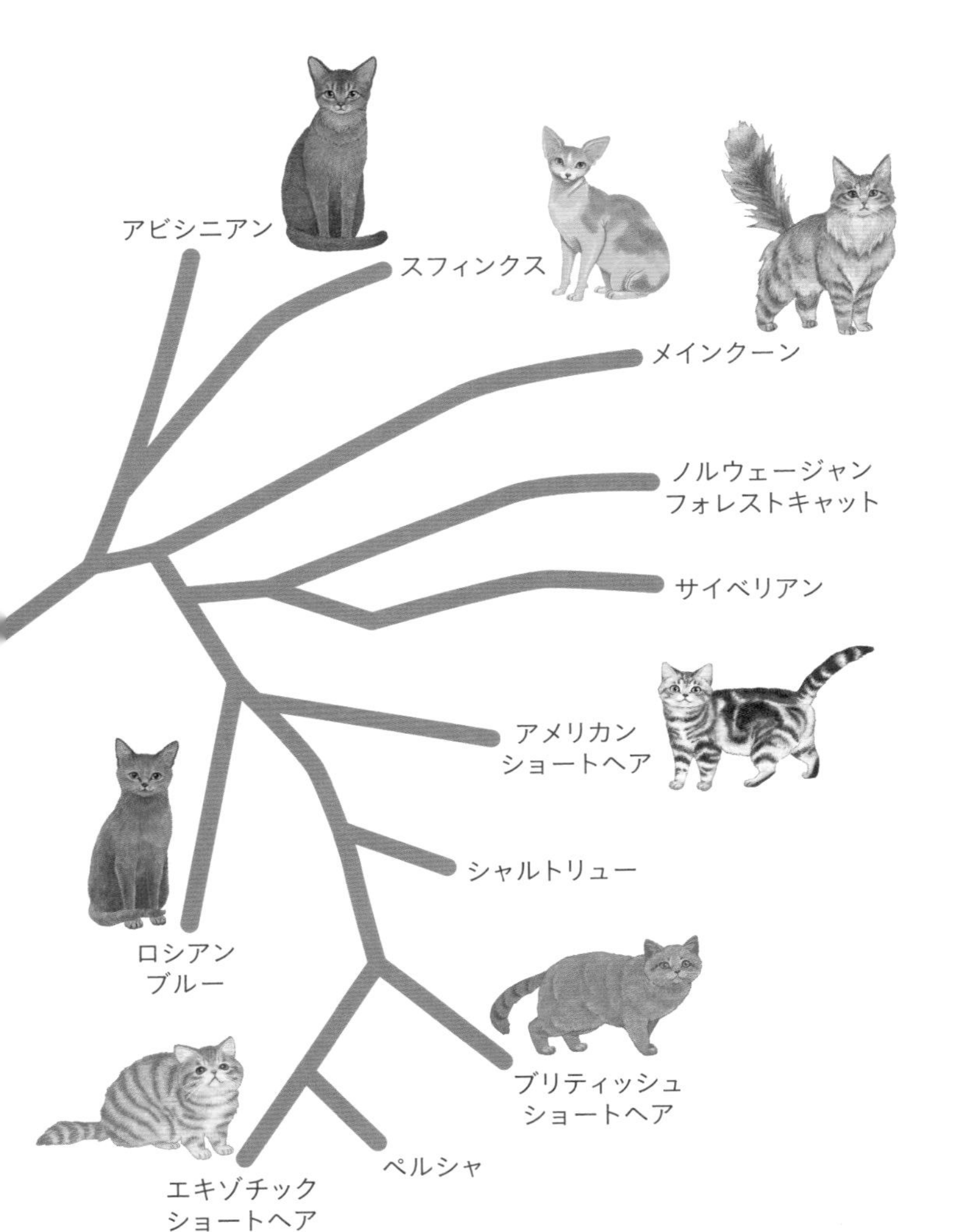

古い猫種はその発祥が正確に記録されていないものも多く、不明なまま今日まで至ることが少なくありません。しかし最新科学は遺伝子解析によってそれらを明らかにしつつあります。この図は２００８年に発表されたもの。**１１００匹以上の猫の遺伝子解析の結果をまとめたもので、22の猫種の関係を表しています。**例えばメインクーンとノルウェージャンフォレストキャットは遺伝的に近いことがわかります。

P.１７７の地図と合わせるとわかりやすいですが、レバント地方で家畜化された猫はその後ヨーロッパからアメリカへ広がったものと、シルクロードを通ってアジアへ広がったものと大きく２系統に分かれています。

2

知るほどおもしろい猫種と毛柄

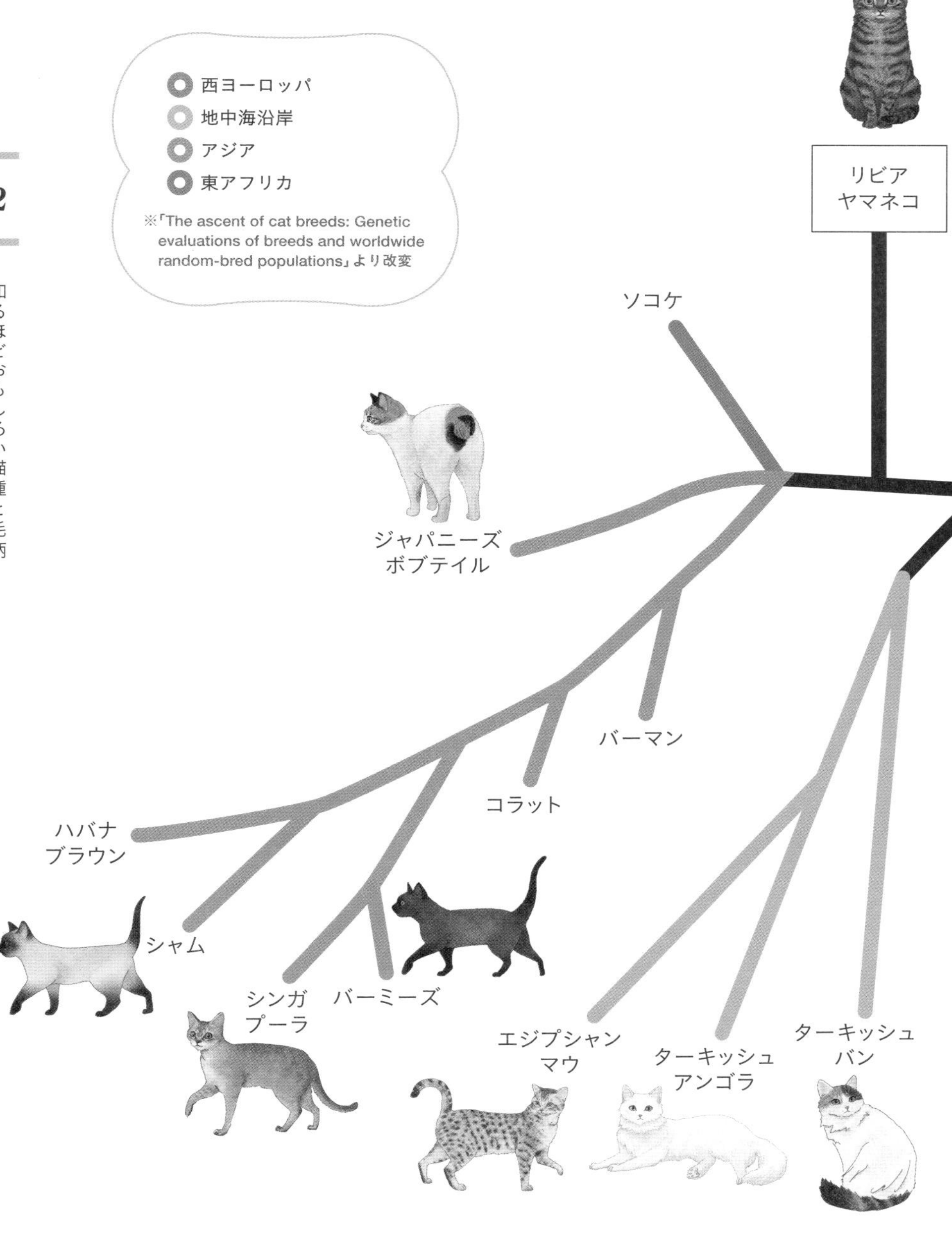

17 猫の毛柄はもともと「キジトラ」しかなかった

猫の祖先であるリビアヤマネコは1種類の毛柄しかありません。その毛柄とは、イエネコでいうキジトラ。これがリビアヤマネコの生きる環境で最も目立たない保護色なのです。ほかの野生の哺乳類も、基本的に毛柄は1種類しかありませんよね。**キジトラは、野生のリビアヤマネコと同じ毛柄なので「野生型」と呼ばれます。**

突然変異で、まれに真っ黒（黒変種）や真っ白（白変種）の個体が生まれることはありますが、自然界では目立ちすぎてうまく生き残れません。**キジトラ以外は自然淘汰されてしまうのです。**古代エジプトの壁画などに残っている猫もみなキジトラです（P.165）。

18 人と暮らしてから多くの色や柄が生まれた

現在はキジトラ以外にも多くの毛柄が見られます。なぜなら猫が人と暮らすようになったから。**野生では生き残れなかった目立つ毛柄も、飼育下では生き残れます。**それどころか「珍しい毛色」として重宝されて、人の手で守られつつ子孫を残すことができます。犬もうさぎもハムスターも、はじめは野生と同じ保護色（野生型）しかいな

キジトラの毛をクローズアップ

濃い縞の部分の毛は単色

毛色を作るメラニンには2種類あります。黒系のユーメラニンと、赤黄系のフェオメラニン。キジトラの縞模様の濃い部分は、ユーメラニンだけの毛でできています。

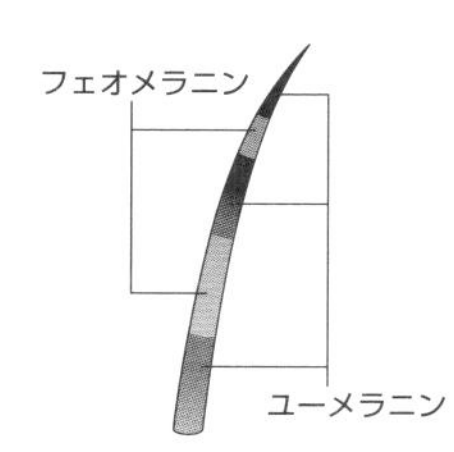

色の薄い部分の毛は1本1本に縞がある

薄い色の部分の毛をよく見てみると、1本1本に細かい縞が入っていることがわかります。これをアグーチといいます。

長毛や巻き毛も飼育下だからこそ

野生のリビアヤマネコに長毛や巻き毛はいません。毛づくろいしにくく、枝などにひっかかりやすい被毛は生存に不利。飼育下や半飼育下（人里で生きる野良猫など）だからこそ残った特徴です。

かったのが、現在は多くの毛柄があります。

1959年に始まったロシアの**ギンギツネの家畜化実験もこれを証明しています**。人を怖がらない個体を選んで交配していったところ、10世代ほど経るとキツネはまるで犬のように人懐こくなりました。それと同時にさまざまな毛柄が現れたのです。真っ白や茶色、ボーダーコリーのような白黒柄、さらには青い目や垂れ耳、柴犬のような巻き尾まで。

世代を経て人懐こくなったキツネたちは興奮を引き起こすアドレナリンレベルが著しく低くなったことがわかっています。アドレナリンはメラニン産生を促進する物質です。**家畜化によって生まれた人懐こさと多彩な毛柄は深いところで関係しているよ**うです。

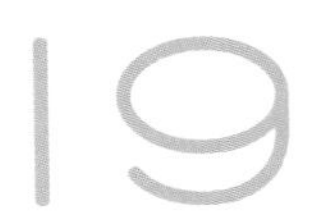

黒猫の遺伝子はある1匹の猫から広まった?

全身が黒色になる突然変異（メラニズム／黒変種）は多くの動物で見られます。クロヒョウやクロジャガー、黒いシマウマや黒いニワトリ、そして黒猫もメラニズムの一種です。

メラニズムは同時多発的に生まれておかしくありません。その場合、同じメラニズムでもDNAには異なる変異が見つかります。実際、多くの動物ではそうなっています。

しかし2003年、**世界各国から集められた黒猫57匹がDNAの同じ場所で変異を起こしていた**ことが発表されました（特定の2つの塩基が欠乏）。メラニン生成に関わるDNAは170個の塩基があり、その他の変化でも黒猫になることができるのに、です。ここから導き出されるのは、**その昔、突然変異によって全身黒色になった1匹の猫の遺伝子が、その後世界中に広まったというストーリー**です。

人間の青い目も、6000〜1万年前に突然変異を起こしたひとりの人間に由来するそうです。黒猫も、もとをたどればたった1匹にたどり着くのかもしれません。

縞模様がうっすら見えることも

黒猫でも、よく見ると黒の濃淡の縞模様がある場合があります。メラニズムのヒョウやジャガーも斑点が薄く見えます。野生型である縞模様の影響が残っているのでしょう。

20 黒猫の子どもは必ず黒猫になるわけではない

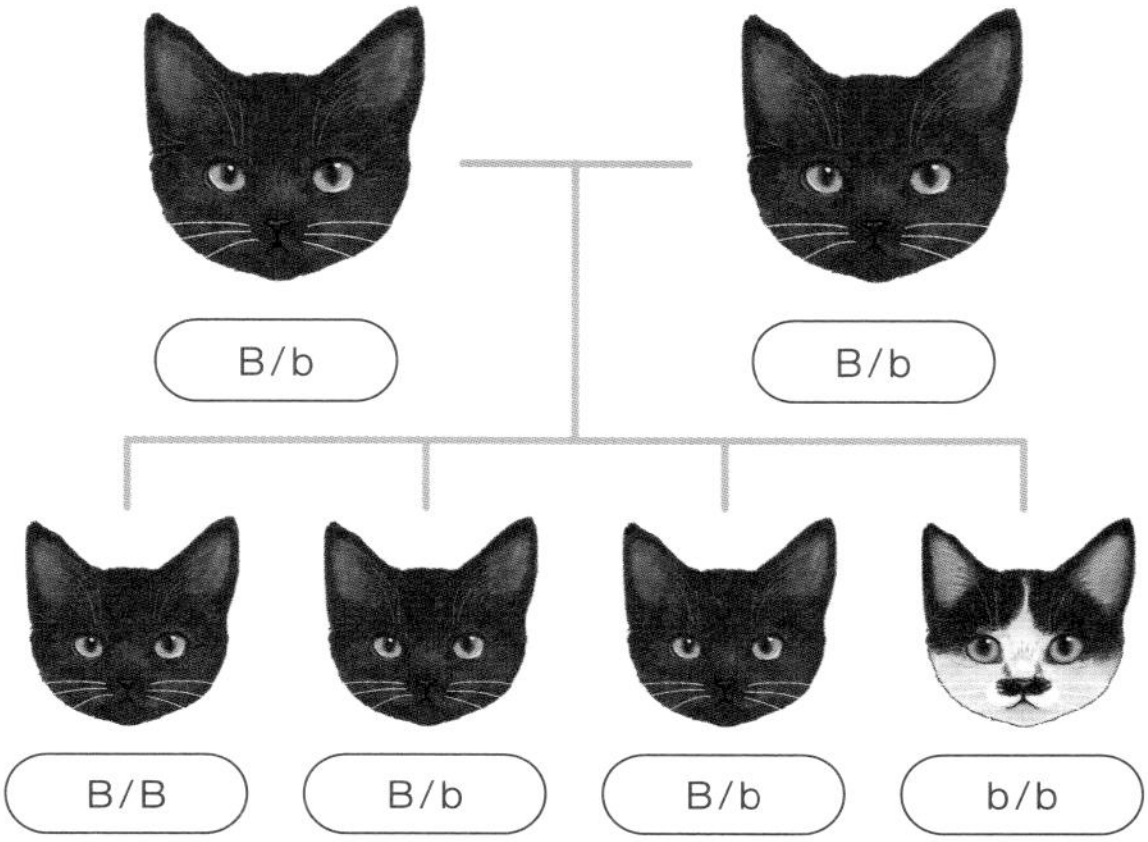

B/b　B/b

B/B　B/b　B/b　b/b

B … 黒になる遺伝子
（bに対して優性。優性遺伝子は大文字で表記されます）
b … 黒以外になる遺伝子
※簡潔に説明するため、黒の遺伝子以外の影響を省略しています。

メンデルの法則

オーストリアの生物学者メンデルによって見出された遺伝の基礎的な法則。庭で栽培していたエンドウ豆の色や形のちがいに気づいたのがきっかけでした。

人間の血液型

	A	O
B	A/B（AB型）	B/O（B型）
O	A/O（A型）	O/O（O型）

「この子は黒猫だから親はたぶんあそこにいる黒猫だね」なんて話を耳にしますが、ちがうんです。猫の遺伝、そんなに単純じゃないんです。

もちろん**黒猫から黒猫が生まれることも多いですが、それ以外の毛柄が生まれることもあります。**「メンデルの法則」を覚えているでしょうか？　子どもは両親からひとつずつ遺伝子をもらいます。人間の血液型でいうと、片方からA、片方からOをもらうと子どもはA／Oとなり、血液型はA型となります（AはOに対して優性）。

猫の場合、黒になる遺伝子はB、黒以外になる遺伝子はbで表されます。両親ともにB／bの場合、組み合わせは上の4パターン。1／4の確率で黒以外が生まれます。同じように、**両親とも黒猫でなくても黒猫が生まれることもあるのです。**

21 毛柄を決める遺伝子はおもに9種類ある

猫の毛柄を決める遺伝子で現在わかっているのはおもに9種類。毛柄に関わる遺伝子は100個以上あるといわれており、すべてが解明されているわけではありませんが、**この9種類だけで数多くの毛柄を説明することができます。**ここから少し、猫の毛柄の遺伝学に踏み込んでいきましょう。

上位 ↑↓ 下位

遺伝子	記号の意味と働き	野生型（キジトラ）の遺伝子記号	
W	WhiteのW。全身を白くする（優性遺伝） ☞P.51	w/w	全身白ではない
O	OrangeのO。毛をオレンジ色にする ☞P.57	o	オレンジの毛はない
A	AgoutiのA。毛に縞を作る（優性遺伝） ☞P.47	A/−	アグーチの毛がある
B	BrownまたはBlackのB。毛を黒色にする（優性遺伝） ☞P.48	B/−	黒い毛がある
C	ColorのC。ポイントカラーを作る（劣性遺伝） ☞P.60	C/−	ポイントカラーはない
D	DiluteのD。d/dになると「黒→グレー」など淡い色になる（劣性遺伝）	D/−	色は淡くならない
T	TabbyのT。縞模様を作る（優性遺伝） ☞P.58	T/−	縞模様がある
I	InhibitorのI。毛をシルバーなど薄い色にする（優性遺伝）	i/i	毛色は薄まらない
S	SpotのS。体の一部を白くする（不完全優性） ☞P.52	s/s	白い部分はない

優性遺伝

ひとつでもその遺伝子をもっていればその特徴が表れます。例えば毛を黒くするBはひとつでもあれば黒毛ができます。B/BでもB/bでも見た目は同じになるためB/−と表記されます。

劣性遺伝

2つ揃わないと特徴が表れません。毛色を淡くするdはd/dにならないと発現しません。

※優性はすぐれた性質、劣性は劣った性質という誤解を招かないよう、最近では「顕性遺伝」「潜性遺伝」と表記されますが、本書ではわかりやすく伝えるために優性、劣性と表記します。

白猫の遺伝子は最強

全身を白くするWの遺伝子は、右の表で最上位にあります。これは、**ほかのすべての遺伝子の働きを抑えて発現する**ということ。例えばある1匹の猫が、Oの遺伝子やAの遺伝子をもっていても、上位であるWの遺伝子をもっていればOやAは発現せず白猫になります。しかも優性遺伝のため、Wをひとつでももっていれば白猫になります。下の図のように親の片方がW／Wだと、もう片方の親がどんな毛色でも子猫は全員白猫に。白猫は自然界では不利なはずなのに、遺伝的には強いのです。

親の片方がW/Wだと、子猫はWを必ずひとつ受け継ぐためみんな白猫になります。

※簡潔に説明するため、W以外の遺伝子を省略しています。

☞P.63 青い目の白猫は聴覚障害率が高い

23 白黒猫とホルスタインの共通点は「家畜化」

家畜の牛の祖先はオーロックスという野生種です。オーロックスは全身茶色。**ホルスタインの白黒まだら模様は家畜化によってできたもの**です。猫も同じで、野生のリビアヤマネコにはキジトラしかいませんでしたが、家畜種であるイエネコには白黒まだら模様がいます。馬や犬、うさぎ、ハムスターなどのまだら模様も家畜化によってできたものです。

部分的に白毛を作る遺伝子はS。全身を白くするW（P.51）とは異なります。Sがひとつだと白い部分が少なく、2つあると多くなります。ほとんど白で頭やしっぽだけに色がある猫はSが2つだなと推測できます。まだらの表れ方は猫によってさまざまで、英語では下記のような表現をされます。白黒だけでなくキジ白、茶白などもS遺伝子によるものです。

一部を白にする
「S」の遺伝子

S/s…白い部分が
50%未満
S/S…白い部分が
50%以上

☞P.17 家畜化

キャップ＆サドル

帽子のような模様と、馬の鞍のような背中の模様があります。

ハーレクイン

胴のあちこちにも色がある柄。名前は中世の道化師が着ていた斑点模様の衣装にちなみます。

バンパターン

頭としっぽだけに色があるパターン。ターキッシュバン（P.36）にちなみます。

白の割合 多

24 色は上からソースを垂らすようにつく

白黒、キジ白などの白以外の有色部分。これをソースにたとえると、**猫が四つ足で立った状態で、上からタラーッとソースを垂らすようにつきます**。ソースが少量だと頭やしっぽだけにちょこんと色がつき、ソースが大量だと足先やあご下を除いてほぼ全身につきます。逆はありえません。足先やおなかだけ色があって背中は白いという猫はいませんよね。

なぜこうなるのか、2016年に少しだけ解明されました。**受精卵はまず全体が有色で覆われます**。受精卵が成長していくと有色部分に亀裂ができ、それらがどんどん離れていって白地部分ができるというわけ。

ただ有色部分がなぜ背中側に集まりやすいのかは謎のまま。ちなみに動物は背中側が濃いほうが目立ちにくく、生存に有利。祖先のリビアヤマネコもおなか側は色が淡くなっています。

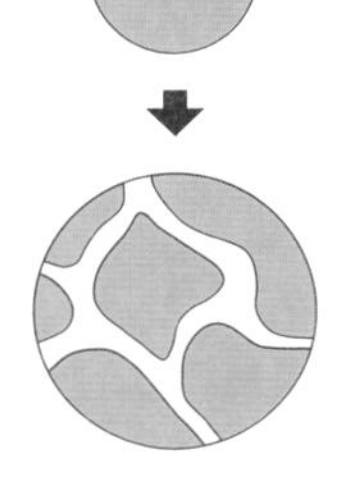

受精卵ははじめ全体が色で覆われていますが、成長するにつれ有色部分に亀裂が入り離れていきます。

ミテッド

白は足先のみで、それが手袋（ミトン）のようだからミテッド。日本でいう靴下柄です。

タキシード

タキシードを着たような柄。おなかや胸は白いです。

バイカラー

有色と白地が半々くらいの柄。名前は「2色」という意味です。

少 白の割合

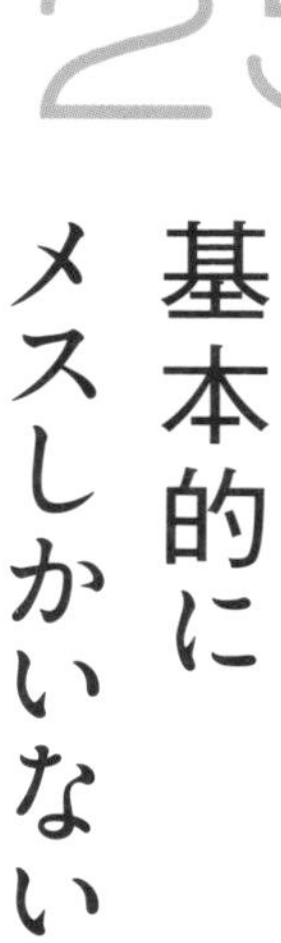

25 三毛やサビ柄は基本的にメスしかいない

これは猫好きであれば知っている話と思いますが、今回はさらに突っ込んだところまでお伝えしましょう。

なぜ三毛猫やサビはメスしかいないのか。それは**茶トラの毛色を作る遺伝子O（オー）が性染色体Xの中にある**という特殊な事情が関係しています。

三毛やサビになるには茶トラと黒（またはキジトラ）の毛色が必要です。P.50の表を見てください。Oは上位から2番目の位置にあります。Oがあれば、Wをもっていない限りは必ず茶トラの毛色が表れることになります。

人間も猫も、性染色体の構成はメスがXX、オスはXYです。オスはXがひとつしかありません。そのXの中にOがあったら茶トラになります。じつに単純な話です。

ではなぜメスは茶トラと同時に黒やキジトラも表れるのか、という疑問がわいてくると思います。じつは、ここからメスという生物の不思議にふれることになります。

じつは**哺乳類の基本形はメス**なんです。母親の胎内にいるとき、はじめは全員メスとして生まれます。ある程度育ったとき、Y染色体をもっている赤ちゃんは男性ホルモンを出して自身を

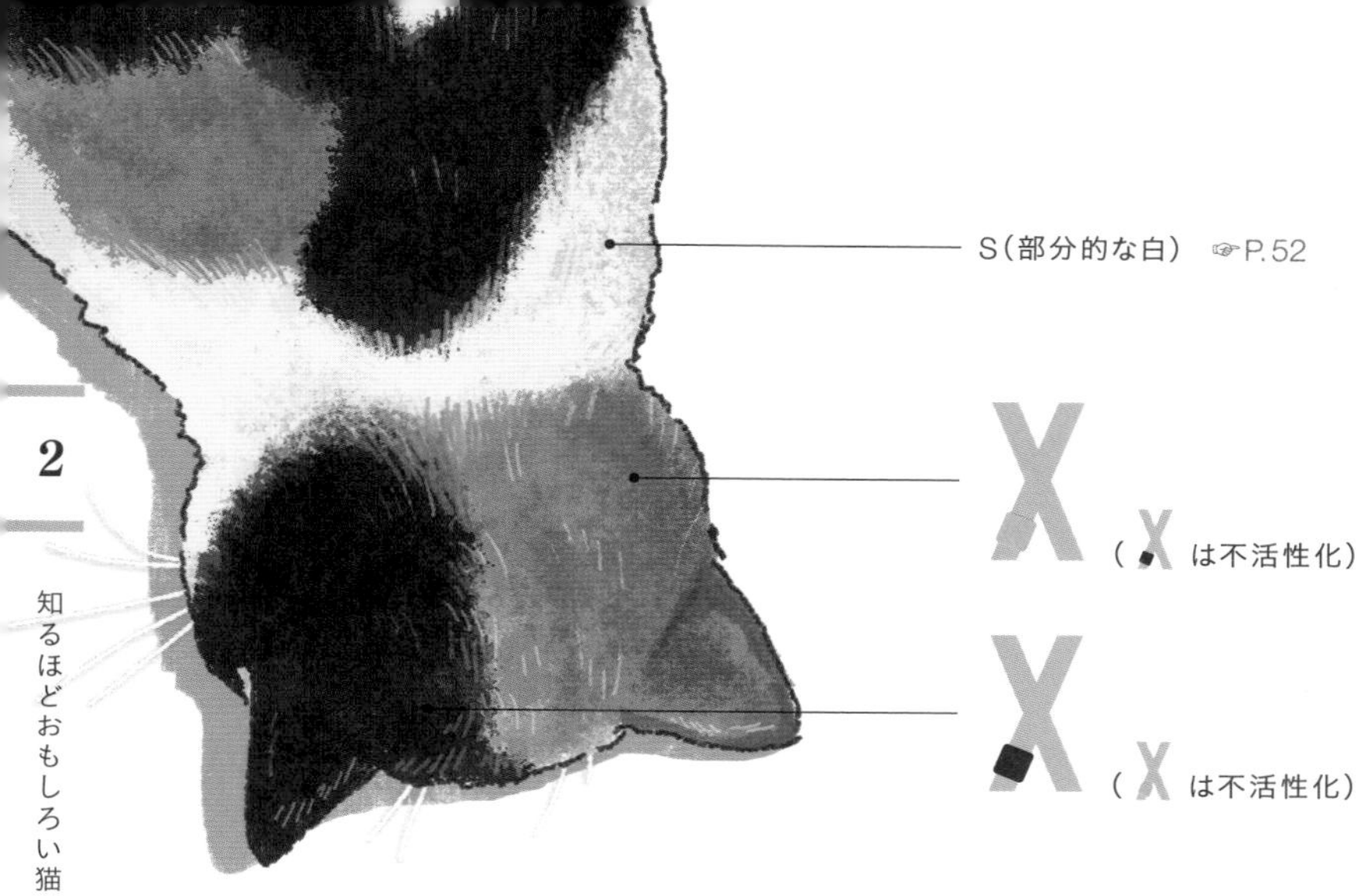

S（部分的な白）
☞P.52

X（X は不活性化）

X（X は不活性化）

オス化させます。メスはこの過程がなく、そのまま育っていきます。Yがあればオスに変化し、何もなければメスのまま。性差を作るのはYということです。ではXは何かというと、生物にとって必要な遺伝情報が入っています。オスの性染色体がYでもYYでもなくXYであるのはそのため。Xがないと、生物として成り立たないのです。まれに染色体異常でXXでもXYでもないXがひとつだけの個体がいますが、その場合もメスとして生まれます。

さて、XXのメスはXYのオスに比べて、Xの遺伝情報を2倍もっていることになります。こうした遺伝情報は多ければいいという問題ではありません。過剰なデータはバグを引き起こします。

そこで**メスは成長の過程で「Xの不活性化」という技を使います**。受精卵から分裂していく途中、細胞が数十個になったときにそれぞれの細胞がどちらか片方のXを不活性化させるのです。不活性化はランダムに起こります。ある細胞ではX①が不活性化し、別の細胞ではX②が不活性化。X①が不活性化すればその細胞ではX②が発現し、X②を不活性化すればその細胞ではX①が発現します。X①が茶トラの遺伝子Oをもっていたとしても、X②が発現した場所ではOの影響を受けず、黒やキジトラが発現するというわけです。

すべてのメスにXの不活性化は起こります。**三毛やサビは、Xの不活性化が毛色で見てとれる稀有な例**なのです。

☞P.64 毛柄による性格の傾向はあるのかもしれない

26 オスの三毛猫は染色体異常かキメラかモザイク

三毛猫は基本的にメスですが（P.54）、まれにオスの三毛猫が生まれてくることがあります。オスの三毛猫が生まれる可能性は3つあります。

ひとつは性染色体の異常。XXYだとオスの三毛猫になることがあります。これは数千分の1の確率で生まれるといわれ、子孫は残せません。

2つめの可能性はキメラ。受精後の発生初期にきょうだい2匹が融合してしまう現象です。例えば茶トラのオスと黒白のオスが融合すると三毛になります。また三毛のメスと黒のオスのような組み合わせも考えられます。

最後の可能性はモザイク。キメラと似ていますが、一個体の一部の細胞が突然変異を起こすタイプです。キメラとモザイクは子孫が残せるといいます。

ある調査によると、オスの三毛猫38匹のうちXXYが11匹、XXとXYのキメラが7匹、モザイクが6匹、残りは非常に珍しい染色体をもっていたとのこと。いずれにしろ、三毛のオスの誕生は複雑です。

① 染色体異常

② キメラ

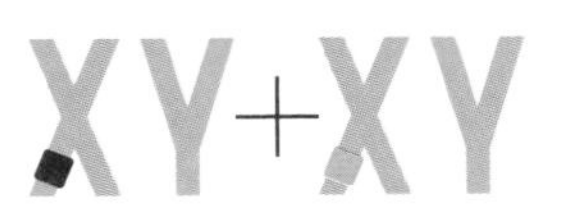

③ モザイク

XY/XY

27 茶トラのメスは少ない

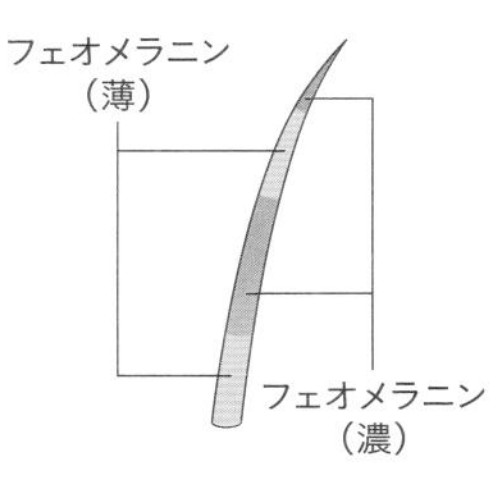

毛から黒の縞がなくなる

野生型ではユーメラニン（黒）とフェオメラニン（黄赤）が交互に表れますが（P.47）、Oの遺伝子があるとユーメラニンの働きが抑えられ、フェオメラニンの濃淡になります。Oの単色はなく、必ず縞模様がある茶トラになります。

これはP.54の理論と基本は同じ。茶トラを作るO（オー）の遺伝子は性染色体Xの中にあります。XYのオスはOをもつXがひとつあれば茶トラになります。ですが**メスが茶トラになるには、OをもつXが2つ揃わないといけません。**サイコロを2つ振って、特定の数が1個出ればいいのと、2個揃わないといけないのとでは、後者のほうが難しいですよね。ですからメスの茶トラは少ないのです。茶トラの8割弱はオスといわれています。

茶トラの遺伝子は中国発祥？

茶トラの毛柄は日本を含め東アジアに多く、おそらくOの遺伝子は中国が起源ではないかといわれています。10世紀ごろの中国の絵画にも茶トラの猫が登場します。

☞P.153 茶トラは一夫多妻制での繁殖成功率が高い

28 縞の遺伝にも優劣がある

猫の縞模様は1種類ではないことに気づいているでしょうか。最も原始的なのはマッカレルタビー。胴体に縞が平行に並ぶ柄です。マッカレルとは魚のサバのことで、サバの背中にある縞模様が由来。日本語でもこの柄をサバトラと呼びますが、欧米人も日本人も同じ連想をしたのでしょうか。

つぎに知られているのがクラシックタビー。アメリカンショートヘアの代表的な柄で、横腹にある渦巻き模様が特徴です。そしてアビシニアンもじつは縞模様の一種。縞が細かすぎて胴体は霜降り状態ですが、顔まわりに縞が表れることでわかります。これを

クラシックタビー

縞が太く、横腹に渦巻き模様が見られるのが特徴。ブロッチドタビーともいいます。

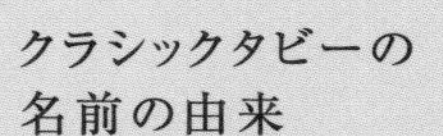

クラシックタビーの名前の由来

欧米ではよく見られたためクラシックタビー（伝統的な縞）と名づけられましたが、じつは原点はマッカレルタビー。本当に伝統的なのはマッカレルなので、ややこしくなっています。

遺伝子型		表現型
Ti^A/Ti^A	Ta^M/Ta^M Ta^M/Ta^b Ta^b/Ta^b	ティックドタビー
Ti^A/Ti		ティックドタビー （ただし、足やしっぽにはマッカレルのような縞あり）
Ti/Ti	Ta^M/Ta^M Ta^M/Ta^b	マッカレルタビー
	Ta^b/Ta^b	クラシックタビー

ティックドの遺伝子（Ti^A）をひとつももっておらず、かつクラシックタビーの遺伝子（Ta^b）が2つ揃った状態ではじめてクラシックタビーになります。

ティックドタビーといいます。

マッカレル以外は突然変異で生まれたものですが、遺伝的にはティックドが優性で、クラシックタビーが劣性です。ティックドの遺伝子がひとつでもあればティックドになり、クラシックの遺伝子は2つ揃わないとクラシックになりません。それなのにヨーロッパ西側ではクラシックがマッカレルより多いよう。クラシックの遺伝子は14世紀のトルコ西部で生まれ、ヨーロッパに広がったといわれます。

1本の毛の縞が細かい

野生型(P.47)より多くの縞が入ります。縞の数には個体差があります。

フェオメラニン

ユーメラニン

遺伝子 Ti^{A}

遺伝子 Ta^{M}

ティックドタビー

アビシニアン(P.30)やシンガプーラ(P.34)の縞。はっきりした縞が表れるのは顔まわりのみで、あとは霜降り状になります。アグーチタビーともいいます。

マッカレルタビー

いわゆるふつうの縞で野生型。ストライプドタビーともいいます。

スポッテッドタビー

縞が途切れると斑点模様になります。ただし、ベンガル(P.29)の斑点模様は別の遺伝子で作られます。

ポイントカラーの毛柄は温度によって変化する

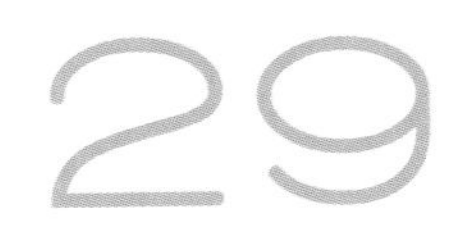

シャムなどに見られるポイントカラーは、とてもおもしろい特徴をもっています。メラニンを作りにくいのです。「メラニンを作りにくい……それはアルビノでは？」と思った人がいるかもしれません。そのとおりで、アルビノの遺伝子とポイントカラーの遺伝子は近いのです。アルビノはメラニンがまったく作れませんが、ポイントカラーはまったく作れないわけではなく**温度の低いところではメラニンを作れます**。体のなかでも体温の低い場所である鼻先、足先、耳、しっぽの先だけに色があるのはそのため。同じ個体でも寒い冬は色が濃くなりますし、高齢になって体温が低くなっても色が濃くなります。対して、生まれたての子猫は真っ白。母猫の胎内は体温が高いので色が表れないのです。

ポイントカラーの猫種はシャム、

耳先、足先など体温が低い部分は濃い色になる

先端が最も色が濃く、先端から離れるほど薄くなっていくのは、体温の差を表しています。

目の色は必ず青

眼球は体温が高い頭部にあるのでメラニンが作られにくく、シャムの場合必ず青色になります。

バーミーズ、トンキニーズが知られています。色の濃い部分と薄い部分のコントラストが最も大きいのはシャム。それぞれ少しずつ遺伝子がちがっています。

赤目のアルビノはまれ

まったくメラニンが作れないアルビノは赤目になります。白ウサギと同じで、虹彩にメラニンがないと目の奥の血管が透けて赤く見えるのです。劣性遺伝なのでまれにしか生まれません。

目の色はメラニンの量で決まる

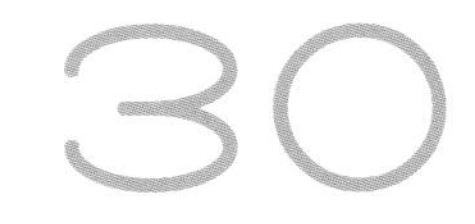

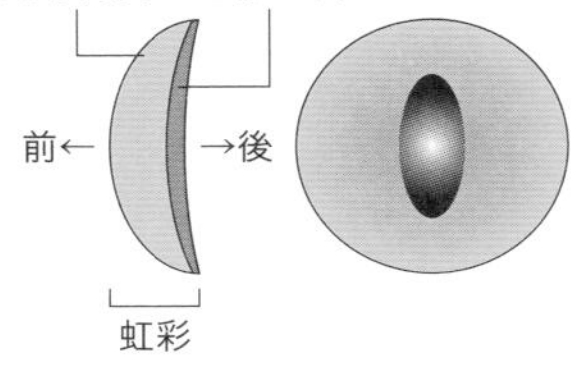

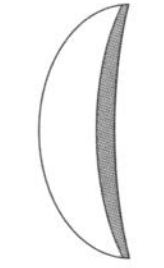

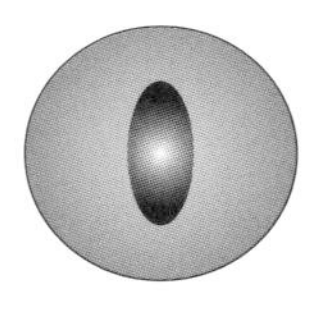

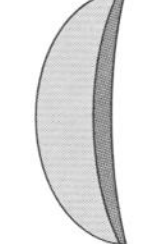

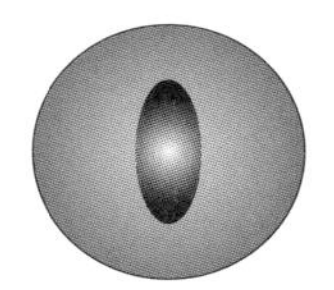

カッパー 〜 イエロー

虹彩上皮とその前にある虹彩間質で虹彩の色が決まります。黄色系の目は両方にメラニンが多く含まれています。

ブルー

虹彩間質にはメラニンがほぼなく、虹彩上皮に少量のメラニンが存在します。

※実際には青い色素はありませんが、簡潔に説明するために青で着色しています。

グリーン

虹彩間質にメラニンがあり虹彩上皮にメラニンがほとんどないと、黄×青で緑色の目になります。実際にはメラニン量によって何種類もの色のバリエーションがあります。

青い目は空が青く見えるのと同じ

青空は空に青い何かがあるわけではなく、光が大気中の窒素や酸素の分子にあたって、波長の短い青い光が強く散乱されるために青く見えます(レイリー散乱)。猫の青い目も、虹彩にある少量の色素に光があたって青く見えます。

毛色と同じく、**目の虹彩の色もメラニン量で決まります**。少なければ青色に、多ければ銅色や金色になります。メラニンの多い黒猫が青色の瞳をもつことは基本的にありません。

左右でメラニン量に差があると、片方が青、片方がイエローのオッドアイ（金目銀目）になります。

子猫はみんな目が青い

生まれてしばらくのあいだは、どの子猫も虹彩にメラニンが定着していないためグレーがかった青い目になります。Kitten Blue（キトンブルー）と呼ばれる期間限定の目色です。

31 青い目の白猫は聴覚障害率が高い

メラニンを抑制する遺伝子W（P.51）は全身を白くすると同時に、**内耳の形成に影響を及ぼし難聴にすること**が知られています。**とくに青い目の白猫は難聴率が高くなります**。オッドアイの場合、メラニン量が少ない青目側の耳が難聴になります。青い目は美しいけれどこんなリスクを背負っているのですね。

アルビノ猫はWとは異なる遺伝子で作られますが（P.61）、やはり難聴が多いようです。

白猫の聴覚障害率

両目とも青い目	85%
片目が青い目	40%
青以外の目	16.7%

32 毛柄による性格の傾向はあるのかもしれない

「三毛猫ってツンデレだよね」「キジトラってワイルドじゃない?」などと猫好きどうしで話すのは楽しいものです。ですがその根拠は自分が出会った数匹の猫がそうだったからといった程度で、真偽は不確かでした。

しかし、数多くの猫から得られたデータなら印象が変わってきます。下の表はアメリカ・ペンシルバニア大学が394匹を対象に得たデータや、カリフォルニア大学が1274人の飼い主からとったデータをもとにしています(その他の研究結果も追加)。**毛柄と性格の関係はまだよくわかっていないものの、何らかの関係はあるといってよさそうです。**

毛柄と性格の関係を説明するものとして、毛色を作るメラニンはドーパミンなどの神経伝達物質と同じルートで生成されるため、メラニンの量は感情や行動に影響を与えておかしくないという説があります。人間では、メラニンの少ない青い目の少年は茶色い目の少年より、新しいものに対しての警戒心が強いという研究結果があります。

進化の歴史を見ると、猫は野生ではキジトラ柄でした(P.46)。その逆「キジトラ(アグーチ)の猫は野生的」が

毛柄と行動特性の関係

毛柄	行動特性
アグーチ(縞模様) ☞P.47	ほかの猫への攻撃性が高い
アグーチなし(縞模様のない猫。黒、白など)	友好性、群居性が高い/猫密度が高い地域での暮らしになじみやすい
オレンジ毛(茶トラ、三毛、サビなど) ☞P.54、57	獲物への興味が強い/恐怖に関連した見知らぬ人への攻撃性が高い/拘束に強く抵抗する(ストレス耐性弱し?)
三毛、サビ ☞P.54	日常的なふれあいにおける攻撃性が高い
二毛(白地にぶち) ☞P.52	見知らぬ人への攻撃性が低い

成り立つのかどうかわかりませんが、**キジトラの毛柄とともに野生的な気質も多く引き継いでいる**、というのはあるかもしれません。その後家畜化で多くの毛柄が生まれましたが、**白地にぶちは多くの家畜に表れる柄**（P.52）。家畜化の影響で攻撃性が低いという特徴があってもおかしくありません。ギンギツネの実験（P.47）でもそれが表れています。またP.48にあるように、全身を黒にする遺伝子がある1匹の猫から始まったとすれば、黒の遺伝子とともに性格の特徴を受け継いでいることも考えられます。

もちろん**キジトラでも野性味の少ない猫はいますし、白黒ぶちでも警戒心の強い猫はいます**。すべての猫にこの法則をあてはめることはできません。あくまで傾向なのであしからず。

三毛やサビは基本的にメス（P.54）。メスはオスより気まぐれで、なでている途中にガブリ、ということも多いかも。

白猫は難聴になる確率が高いため（P.63）、臆病だったり神経質だったりすることが多くなって不思議はありません。

ボンベイという猫種の毛色は黒のみ。性格は穏やかで友好的といわれ、右の表と一致します。

純血種の性格

2019年、5,726匹の統計から40の猫種の行動特性が発表されました。一部を紹介すると、最も活動的なのはベンガルやアビシニアン（やはりアグーチの猫たち！）。最も おとなしいのはブリティッシュショートヘアやラグドールなど。純血種は雑種より遺伝子の幅がせまいので、猫種によって性格もある程度決まっています。

33 猫のクローンを作っても同じ毛柄になるとは限らない

愛猫を失った飼い主のために、ペットのクローンを作るというビジネスがあります。初めてこのビジネスを手掛けたのはアメリカ・カリフォルニア州にあった会社。しかし、**最初に作ったクローン猫はもとの猫とまったくちがう毛柄で生まれ、図らずも猫の毛柄の成り立ちの複雑さをアピールする**形になってしまいました。

クローンのもとになったのはレインボーという名の三毛猫。キジトラ＋茶トラ＋白の三毛猫でした。そして、レインボーのクローンとして生まれてきたCC（コピーキャットの意）はかわいらしい猫でしたが、三毛ではなかったのです。毛柄はキジ白。「これがレインボーのクローンです」といわれても、飼い主は納得できなかったことでしょう。

なぜ三毛猫のクローンがキジ白になるのか。これは**「同じ遺伝子をもっていても同じ個体になるわけではない」**ことを表しています。遺伝子は、いわば設計図。昔は、設計図が同じなら同じものができると考えられていました。しかしいまは、**同じ設計図でも生まれ育つ環境や状態によって異なるものができる**ことがわかって

います。同じ遺伝子でも、環境によって発現する遺伝子と発現しない遺伝子があるのです。これをエピジェネティクス（後成遺伝）といいます。

CCは代理母であるサビ猫の胎内で育ちました。もとのレインボーとは異なる環境です。白地部分（P.53）は、受精卵が大きくなるにつれ有色の部分が離れていって作られます。離れ方は胎内の環境によっても異なってきます。

また、レインボーが三毛猫であることが話を複雑にしました。P.54にあるように、三毛猫は性染色体Xの片方が不活性化することで三毛になります。おそらく、このクローンでは**O**（オー）**（オレンジ色）をもつXが不活性化された細胞から遺伝子を採取してクローンを作った**のではないでしょうか。だからオレンジ色は表れず、キジ白の猫になったのです。

エピジェネティクスは毛柄だけでなく、性格や体質についても同じことがいえます。同じ遺伝子をもっていても、育つ環境がちがえば同じ猫にはなりません。そしてまったく同じ環境というのはありえません。

愛猫を偲んでクローンを作っても、同じ毛柄・同じ性格の猫が再び命を得てよみがえることはないのです。だからこそ唯一無二のかけがえのない存在なのです。

エピジェネティクスとは

後天的原因によって発現する遺伝子と発現しない遺伝子が変わること。遺伝子がまったく同じ一卵性双生子でも性格や体質が異なるように、遺伝子の発現（オン）と潜伏（オフ）は環境などによって左右されます。

Rainbow

34
(COLUMN)

緑色に光る猫が猫エイズに希望の光をあてる?

「紫外線をあてると蛍光緑色に光る猫が誕生」。はじめこのニュースを聞いたとき、おもしろ半分におかしなことをした人がいたのだなと憤りそうになりました。が、よくよく調べてみると、これは猫エイズに打ち勝つ治療法を見つけるための真面目な科学的取り組みだったことがわかりました。

不治の病である猫エイズ。一度猫エイズウイルス(FIV)に感染するとそれは一生消滅せず、発症すると有効な治療法がないという恐ろしい病気です。科学者が注目したのはFIVに感染しにくいアカゲザル。このサルはなぜかFIVを抑えるタンパク質を作ることができます。「アカゲザルの遺伝子を猫に組み込めば、FIVに感染しにくい猫を作れるのでは」という考えのもと、サルから取り出した遺伝子を猫の卵母細胞に注入。その後受精させて代理母のなかで育った子猫はFIVへの耐性をもっており、その猫から生まれた子猫も耐性を受け継いでいました。将来的にはFIVに悩まされずにすむ世界が来るのかもしれません。この研究はさらにHIV(人のエイズ)への応用も期待されています。

この実験でサルの遺伝子といっしょに注入されたのが、緑色に光るクラゲの遺伝子です。「緑色に光る猫はFIVへの耐性がある」とわかりやすくするためです。ふつうの光のもとではふつうの猫なのでご安心を。もちろん姿形もいたってふつうで、サルっぽい部分やクラゲっぽい部分はありません!

3

おどろきの
身体能力

35 流体力学的にいえば「猫は固体かつ液体」

　ノーベル章のパロディ、イグノーベル賞をご存じでしょうか。「人々をクスッと笑わせ、そして考えさせる」が選考基準で、独創性に富んだ研究に賞が授けられます。2017年、物理学部門でこの賞を獲ったのは『猫の流動学』という論文。著者はフランスの物理学者です。

　この論文で彼は、「猫は固体かつ液体である」と主張します。「液体である証拠は複数あります。まず**猫は体積を変えずに形を変えて容器を満たします。これは液体の性質です**」として、透明な容器に猫がすっぽり入った画像を提示。さらに「猫は水のような液体ではなく、**ケチャップやカスタードクリームのような粘度のある液体**のようです。なぜなら容器に入った猫はなかなか出てきませんし、垂直の壁に張りついてしばらく落ちてきません」と、猫が壁に爪を立ててへばりつく画像を提示。ユニークな論文に人々は大受け。なじみのない流体力学に関心をもつきっかけとなりました。

　これは猫の柔軟性を液体にたとえたもの。猫は小さい体なのに人より骨が多く（人は約200個、猫は約240個）、骨と骨をつなぐ関節や靭帯も柔軟性に富みます。さらに骨格を包む皮膚もやわらかく、つかめばびよんと伸びます

液体である証拠①
容器に合わせて形を変える

液体である証拠②
傾斜面では流れ落ちる

よね。猫は、皮膚と筋肉のつながりが緩いのです。猫は皮膚と筋肉のあいだに皮下点滴ができますが、人はできません。

11番目の胸椎に秘密あり?

大きく丸めたり反らせたり、猫の背骨の可動域は人よりはるかに大きいよう。猛スピードで走るときは背骨を弓のように大きくしならせ歩幅を極限まで広くします。背骨には上向きの突起がありますが11番目を境に向きが変わっていて、ここが背骨の動きの支点なのではと見られています。

人よりも背骨の数が多く関節も2倍に伸びる

人間の胸椎は12個、腰椎(ようつい)は5個。猫は人間より背骨が数個多いうえに、関節のあいだが2倍にも伸びます。その結果、体を縮めたときと伸ばしたときで体長が1.3倍も変わります。

36

抜群のバランス感覚で細い道もすいすい

猫のバランス感覚のよさはあらためて言うまでもありませんね。**平衡感覚を司る三半規管がよく発達している**のはもちろんのこと、バランスが崩れたときに瞬時に立て直すことができるのはすぐれた運動神経のおかげ。サーカスで綱渡りや球乗りを披露する猫もいます。ただし生後54日くらいまでの子猫はまだバランスがうまくとれません。

37

頭が通れば体も通る

猫は頭が通る隙間なら通り抜けることができます。人間は頭がギリギリ入る隙間だと肩が引っかかってしまいますね。そう、ちがいは肩の構造。人間は肩甲骨と鎖骨が左右に張り出していますが、猫の肩甲骨は胴体に沿っています。また鎖骨は小さくなってほかの骨と連結せず遊離している状態。ですから**肩を頭の幅までせばめることができる**のです。

皮膚のたるみがアクロバットな動きを可能にしている?

猫の下腹の皮が垂れていることがありますが、これはプライモーディアルポーチ（原始的な袋）と呼ばれる部分。皮膚の余剰部分があったほうが大きく自由に動けるという説や、腹部への攻撃をやわらげるのに役立っているという説があります。

しっぽでバランスをとる

体が傾いたら瞬時にしっぽを逆に傾けてバランスをとります。綱渡りをする人間は長い棒をもちますが、それは棒でバランスをとるため。それと同じ役割をしっぽが担っています。しっぽの短い猫はバランスをとるのが少しだけ苦手なようです。

三半規管で平衡を感知

内耳にある三半規管で上下左右を感知します。視覚でも平衡を感じとりますが、目隠しをしてもバランス感覚はほとんど変わりません。ちなみに三半規管は3つの半規管がそれぞれ直角に位置し、XYZ座標となって三次元を感知します。

頭の幅≒肩幅

前から見たとき、猫の頭の横幅は肩の幅とほとんど同じ。肩さえ通れば多少おなかがポヨンとしていても、持ち前の柔軟性で通り抜けてしまいます。ちなみにヒゲで通れる幅を測るというのは正確ではありません。せまい場所であることは感知しても、いけると判断して突っ込んで通り抜けられなくなることがあります。

足より小さい幅も歩ける

足裏の肉球が足下の凹凸を感知。またやわらかい肉球がぴったりと密着して体を安定させます。成猫でも幅1.9cmの平均台くらいは歩けるようです。

☞P.95 肉球は0.005㎜の変化も感じとる

つま先立ちで歩く

猫が歩くときはつねにつま先立ち。かかとにあたる部分は浮いています。これを「指行性」（しこうせい）といい、つま先からかかとまで地面につけて歩く「蹠行性」（しょこうせい）よりも速く走れます。

38 逆さに落ちても空中で姿勢を立て直せる

猫は仰向けで落ちても空中で姿勢を立て直し足から着地することができます。これは「空中立位反射」と呼ばれます。人間には真似できないスゴ技ですね。じつはこの**空中立位反射、17世紀から物理学者を悩ませてきた謎**でした。どのように動けば空中で姿勢を立て直せるのか、当時の物理学ではうまく説明できなかったのです。写真も動画もない時代ですから解明は難しかったでしょう。

19世紀になって写真技術が発明され、空中立位反射が連続写真として公開されても学者たちは半信半疑でした。「見えない角度で猫が奥の壁を蹴っているのでは」「紐か何かで猫を動かしているんじゃ?」「この写真はニセモノだ!」と騒がれたほど。いつの時代も、理解できないものに人間は拒否反応を起こすのです。ようやく謎が解けたのは20世紀に入ってから。猫はつぎのような複雑な動きをしていました。

①腰を軸に上半身をひねり下に向ける。

②落下中は無重力状態なので、それだけだと上半身をひねる反動で下半身が逆に回転してしまう(回転椅子に座り足を浮かせてやってみるとわかります)。こ

姿勢の立て直しは
1秒足らず

最後は足を伸ばし、背中を弓なりにして体全体で着地の衝撃を吸収します。落下しはじめてから0.125〜0.5秒あれば足から着地できます。

上半身を先に回転

まず上半身を180度回転。その際、下半身が5度ほど逆回転します。その後、上半身を追いかけるように下半身も回転し、すべての足が下を向いた姿勢になります。

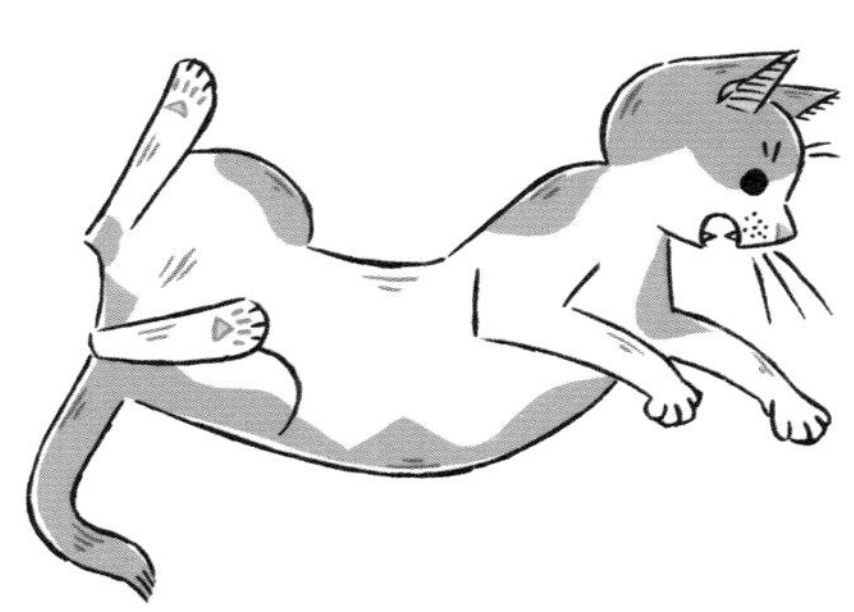

しっぽをくるくると回転させる

P.73にあるように、しっぽはバランサーの役割があります。姿勢が安定しにくい空中ではしっぽをくるくると回してバランスをとります。

れを避けるため後ろ足を大きく広げ、下半身の逆回転を減らす（フィギュアスケートで腕を広げたときはゆっくり回転し、たたんだときは速く回転するのと同じです）。

③前足が下を向いたらこんどは前足を大きく広げ、下半身が回転しても上半身は大きくブレないように調整する。

　以上。至極複雑なことを猫は本能的にやっていたのです。

　一流の学者たちを巻き込み、謎が解明されるまで300年。この運動理論は現在、**宇宙飛行士が無重力状態で器具を使わずに体の向きを変えるためのテクニックとして応用されている**そうです。

※故意に猫を落とすようなことは危険なのでやめてください。

39
猫は全身ににおいの分泌腺がある

猫は固有のなわばりを作る動物。自分のなわばりにはしょっちゅう顔や体をこすりつけ、自分の印をつけます。猫が体をこすりつけた部分を人間が嗅いでもとくににおいはしません。それは**猫にしか作用しないフェロモン**だから。フェロモンとは同種の他個体がキャッチしたときに特定の行動や生理的変化を引き起こす化学物質のこと。猫の場合はほかの猫になわばりアピールしたり、メスが性フェロモンを発してオスの発情を引き起こしたりします。
　顔から出る**フェイシャルフェロモンはF1〜F5の5種類**が確認されてい

フェロモン		役割
フェイシャルフェロモン	F2	性的アピールに使われるフェロモン。繁殖行動に役立つ。
	F3	なわばりアピールに用いられる。このにおいがする場所＝自分が見知った環境ということになり、安心感をもたらす。
	F4	仲の良いほかの個体に体をこすりつけるときに使われる。仲間の認識に役立つ。
宥和フェロモン（CAP）		出産した母猫の乳首付近から分泌されるフェロモン。敵対心を減らす効果があり、授乳期間中、子猫どうしの争いを減らすのに役立つ。
肛門腺のフェロモン		便に自分特有のにおいを付着させ、なわばりアピールをするのに役立つ。興奮したときや恐怖を感じたときにも発せられる。スカンクが敵に襲われたときに発する悪臭もこれと同じ。

※フェイシャルフェロモンF1、F5の働きは不明。

ます。F3を化学的に再現した製剤もあり、動物病院などで猫に安心感を与えるために使われています。

出産直後の母猫の腹部からは宥和(ゆうわ)フェロモンが出て、**子猫どうしが争わずにお乳を飲むようコントロール**しています。じつにうまくできたシステムです。

オシッコには
フェロモンの原料である
フェリニンが含まれる

猫のオシッコは臭いですよね。これはフェリニンというアミノ酸が原因。フェリニンが空気にふれて分解されるとチオールに変化し、悪臭になります。男性ホルモンのテストステロンとフェリニン排出量は比例しており、性成熟したオスは去勢オスやメスに比べて5倍のフェリニンを排出。それだけ臭いオシッコとなります。

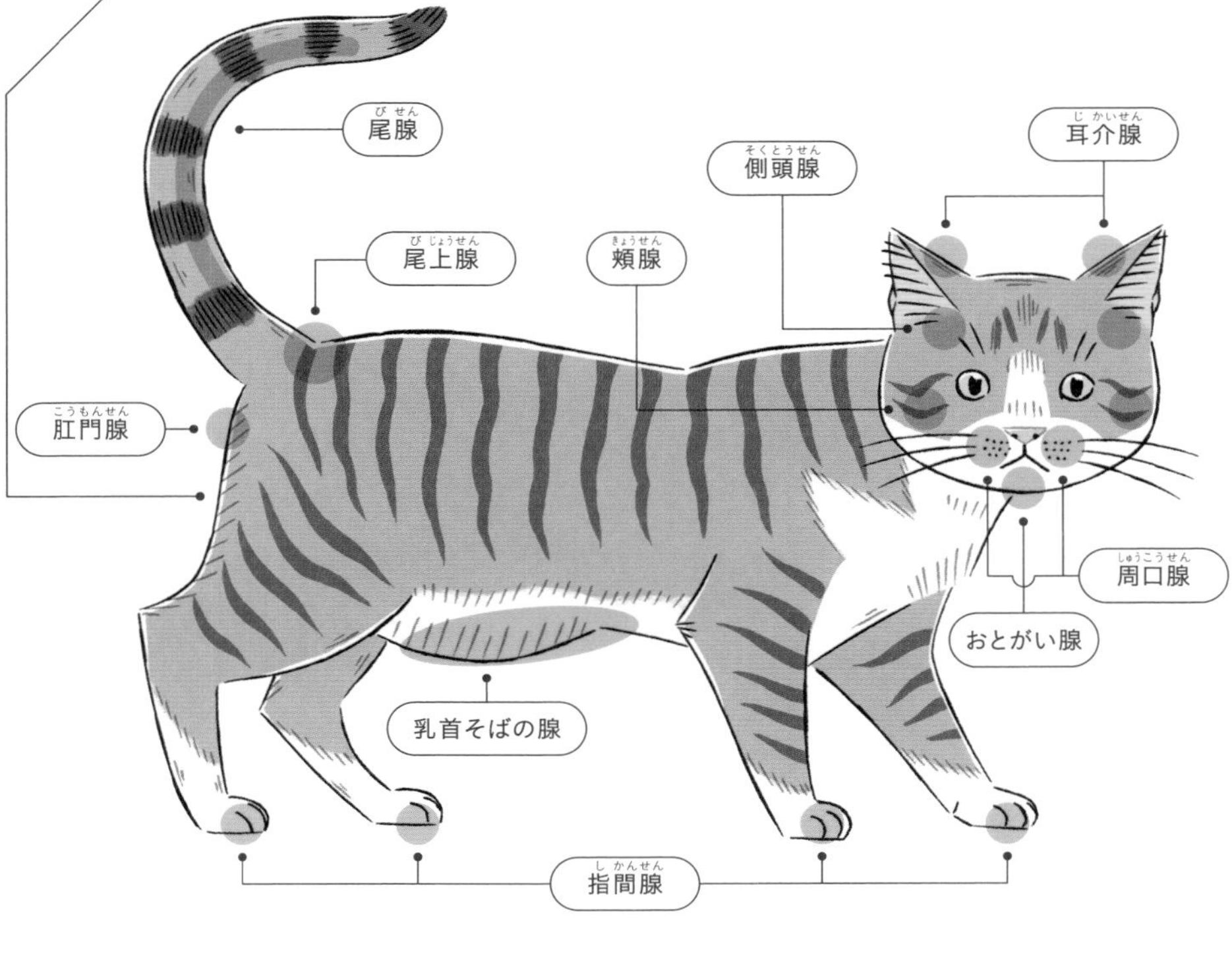

40

すぐれた嗅覚でフェロモンも嗅ぎ分ける

猫の嗅覚は犬よりは劣るものの、人よりはるかにすぐれています。においは鼻の奥にある嗅上皮(きゅうじょうひ)でキャッチしますが、人の嗅上皮の面積は2～4㎠。猫は21～40㎠ですから、**人より5～20倍も広い**のです。小さな鼻にどうやって収まっているかというと、巻物のようにぐるぐると小さく巻かれた状態で入っています。

ふつうのにおいとは異なる**フェロモンは、鼻腔の下にあるヤコブソン器官で嗅ぎとります**。ここにつながるのは鼻ではありません。猫の小さな前歯(門歯(もんし))の裏をよく見ると、小さな穴が2つあります。ここがヤコブソン器官につながる管の入口。猫が放心したように口をぽかんと開けているのはヤコブソン器官ににおいを取り込み、フェロモンかどうかを確かめているしぐさです。

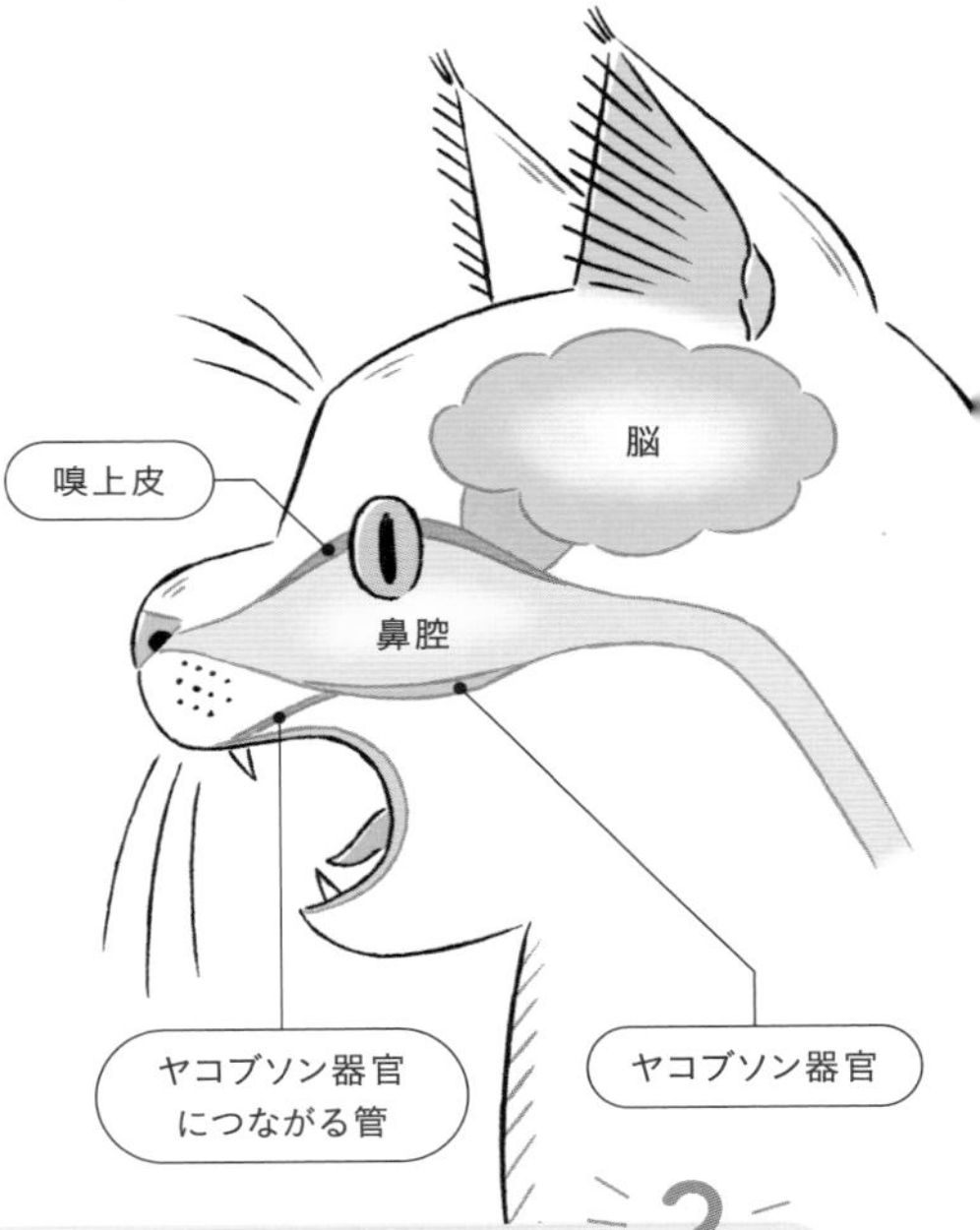

脳
嗅上皮
鼻腔
ヤコブソン器官につながる管
ヤコブソン器官

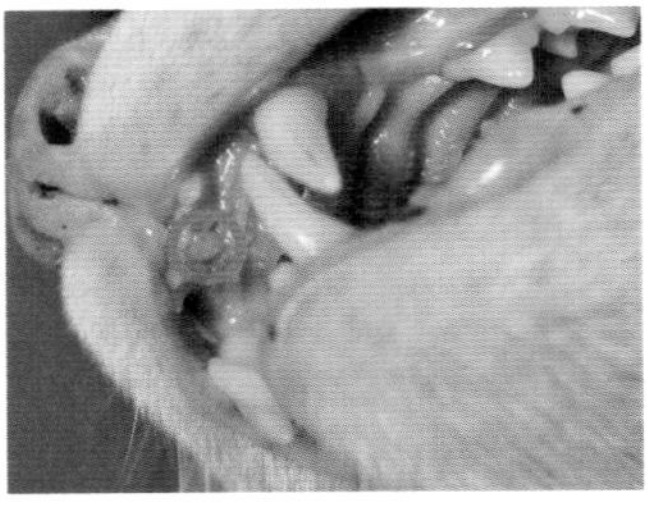

前歯の裏にある小さな穴がヤコブソン器官の入口。名前の由来は発見したヤコブソン氏から。鋤鼻器(じょびき)ともいいます。人も胎児期にはヤコブソン器官がありますが、その後消失します。

フレーメン反応とは

フェロモンを嗅ぐため口を開けたり、唇を引き上げるしぐさのこと。フレーメンは笑うという意味のドイツ語。猫のほかに牛や馬、羊、トラ、ライオンなども行います。人の体臭には猫のフェロモンと似た成分が含まれているらしく、脱いだ靴下などにフレーメン反応をする猫もいます。

41

猫どうしは糞尿だけで相手がわかる

全身から出るフェロモンは猫にとって名刺代わり。猫どうしが互いににおいを嗅ぎ合うのは相手を確認するためです。

さらに猫は糞尿のにおいだけで相手を識別できることがわかっています。糞尿はメスよりオスのほうが臭く、さらにオスの糞便中には年齢とともに増える成分があります。つまり**においのちがいで排泄物の主がオスかメスか、また若者か年長者かがわかる**といわれます。

実験では**なじみのある猫とそうでない猫の糞尿を嗅ぎ分ける**ことがわかっています。なじみのない猫の糞尿ほど、においチェックに時間をかけるのです。なじみのある猫のにおいは記憶にあってちょっと確認するだけで終了し、初対面のにおいはよく調べるということなのでしょう。

ヤコブソン器官の炎症が猫どうしの不仲を招く?

ヤコブソン器官が慢性炎症を起こしている猫は猫どうしの争いが多いというデータがあります。猫間の重要なメッセージであるフェロモンをキャッチできないと、いわゆる「空気の読めない」猫になってしまい、無用な争いを起こしてしまうのかも。また、自分がなわばりにつけたにおいも確かめにくく、いつも不安な気持ちで過ごしているのも理由かもしれません。

42

マタタビで酔っ払ったようになるのは蚊よけの本能！

「猫にマタタビ」ということわざがあるとおり、猫はマタタビが大好き。当たり前すぎて、なぜ猫はマタタビが好きなのか、においを嗅ぐとクネクネ転がるのか、調べた人はつい最近までいませんでした。

２０２２年に発表された研究には誰もが驚きました。**マタタビの成分は蚊よけになり、猫は蚊よけ成分を体にこすりつけるためにクネクネしていた**というのです。もちろん、猫は「蚊に刺されたくないからマタタビをつけておこっと」と論理的に考えているわけではありません。無意識の行動です。

蚊はいろんな病気を媒介しますから、蚊に刺されにくくなれば生存に有利になります。逆にいうと生存に有利になるから、マタタビのにおいを嗅ぐと〝気持ちよくなる〟ようプログ

マタタビに酔う性質は優性遺伝

マタタビに反応する性質は優性遺伝で、約7割の猫が反応することがわかっています。どの遺伝子がマタタビ反応と関連しているのかは研究中。マタタビは日本や中国など東アジアにしか生息しませんが、ヨーロッパなどに生息するキャットニップにも蚊よけ効果があり、キャットニップに反応する遺伝子もやはり優性です。

マタタビで酔う猫は幸福感に包まれている

マタタビに反応している猫の血液を調べるとβ-エンドルフィン濃度が上がっていることがわかりました。β-エンドルフィンは幸せホルモンのひとつで、これが出ると気分が高揚し幸福感に包まれます。マタタビに酔っている猫はいかにも幸せそうですが、これが科学的に証明されたわけですね。

マタタビを原料にした虫よけ剤ができるかも

マタタビは昔から滋養強壮の薬として利用されてきましたが、蚊よけに効果があることがわかったのはこれがはじめて。今後はマタタビを原料にした虫よけ薬が開発される可能性もあるそう。開発されたら猫にも安全な（さらに快楽を与える？）虫よけとして使えそうです。

ほかのネコ科動物もマタタビに反応する

ライオンやアムールトラ、ジャガーもマタタビで酔っぱらいます。ネコ科動物は茂みにじっと潜んで獲物が近くまで来るのを待つ種が多いので、蚊に刺されるリスクも高そう。そのためマタタビに反応するようになったのかもしれません。ちなみに犬はまったく反応しません。マタタビ反応はネコ科特有のものです。

ラムされているともいえます。マタタビの枝や葉を与えると猫は歯で噛みますが、そうすると蚊よけ成分が10倍以上も多く放出されるそう。どこまでも合理的です。

ただし、マタタビに反応するのは優性遺伝で約3割の猫は反応しないそう。生存に有利だけれども必須ではないので、反応しない遺伝子も残っているのでしょう。また8か月になる前の子猫も反応しないそう。マタタビによる脳の反応は性的興奮と似ているそうで、つまり性成熟前の猫にはそういった脳の回路ができていないから反応しないのではと推察されています。

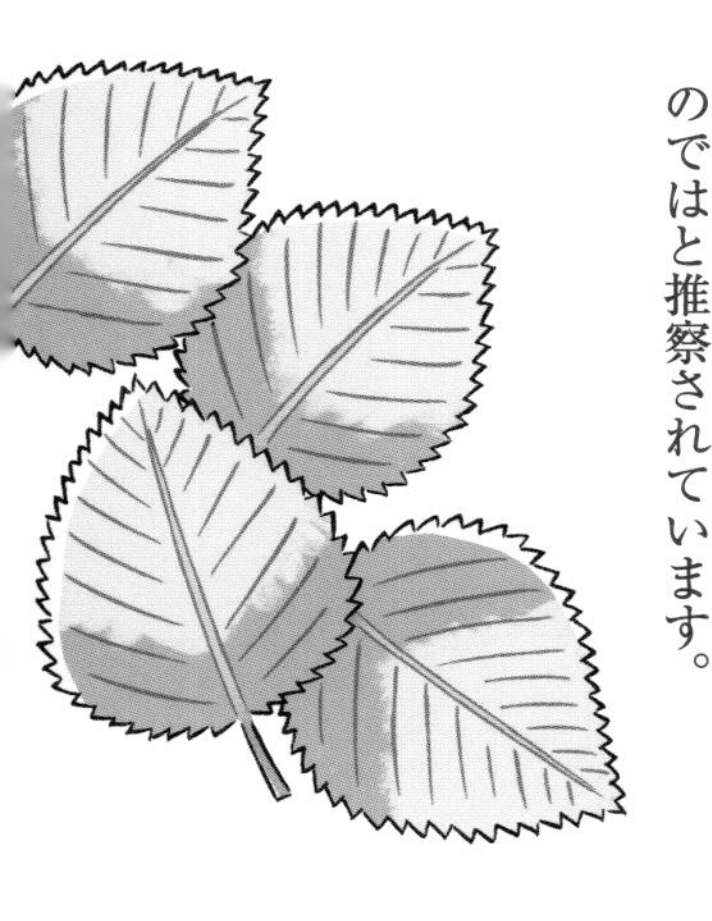

動体視力と夜間視力に特化した猫の目

43

猫の視力は人間でいえば0・2くらい。視界はぼんやりとしています。猫の生活では、ものを細部まで見る必要はないのです。代わりにすぐれているのは薄暗闇での視力。**人間がモノを見るのにギリギリ必要な光量を、さらに1／6にしても猫には見える**ことが実験でわかっています。

狩りをする動物ですから動体視力も当然よし。**1秒間に4㎜というごくわずかな動きにも気づきます。**

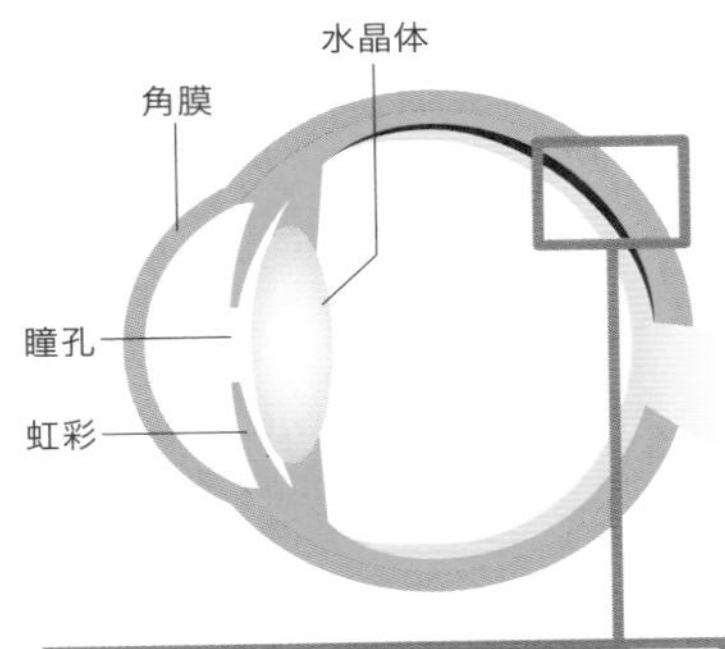

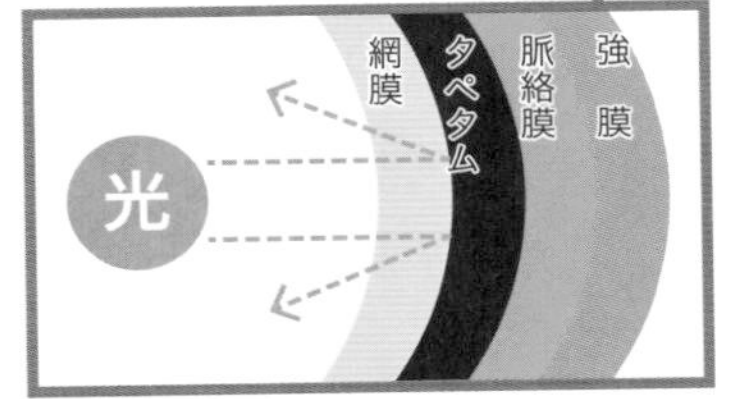

網膜の後ろにあるタペタムという反射板で網膜を通り過ぎた光をはね返し、網膜に戻して再利用。だから猫は少ない光量でも見えます。薄暗がりのなかで猫の目が光るのはこのタペタムのせいです。

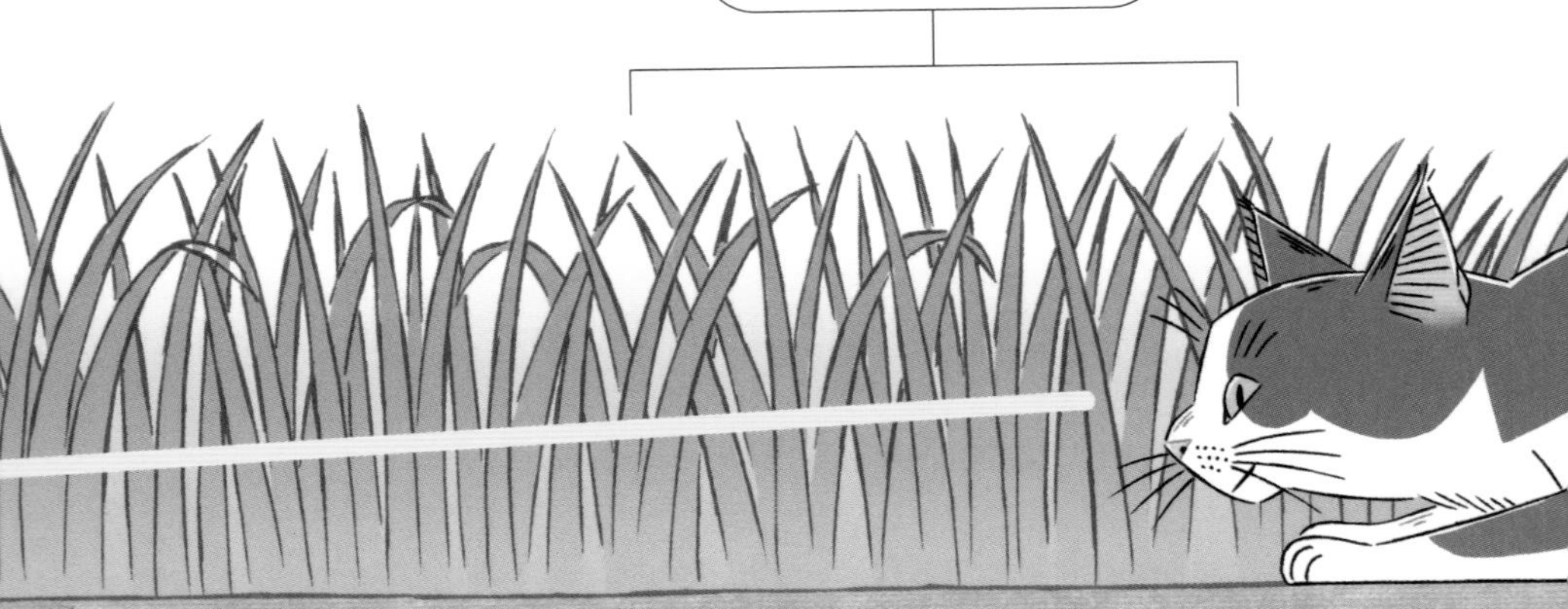

44 近すぎるものは見づらい

猫が目の焦点を合わせやすいのは75㎝くらい先。ちょうど獲物にひと跳びで襲いかかれる距離です。遠すぎるものや、逆に25㎝以内の近すぎるものには焦点を合わせられません。それに猫にはマズル（出っ張った口吻部分）があります。自分の鼻に握りこぶしを置いてみるとわかりますが、**近すぎるものはマズルに隠れて見えなくなってしまうのです。**

45 縦長の瞳孔は上下方向の視界が鮮明

猫の縦長の瞳孔は人間の円形の瞳孔より開閉の差が大きく、光量を調整するのが得意。また**縦長だと左右の視界はボケますが上下の視界は鮮明に見える**という特徴があります。猫の場合、急に飛び上がる獲物などを見逃さないことなどに役立ちます。

瞳孔括約筋

横長の瞳孔は水平を見るのが得意

羊やヤギなどがもつ横長の瞳孔は水平方向の視界が鮮明。敵が来ないか地上を広く見渡すことに長けています。ちなみに頭を下げて草をはむときなどは眼球がくるりと回転。瞳孔は地面に対してつねに水平をキープします。このときの瞳孔は猫の目のように縦長です。

46

赤は見えない猫の色覚

人の色覚

猫の色覚（想像図）

？

紫外線が見えているかも！

日暮れ前など光量の少ないときは辺りのものがほぼモノクロになり、色が見分けづらくなりますよね。つまり色覚があっても役に立たなくなります。猫はもともと薄闇のなかで活動する動物ですから、すぐれた色覚をもっていても意味がありません。

視細胞には光を感知する桿体細胞と色を感知する錐体細胞の2種類がありますが、猫の場合は**光を感知する桿体細胞が多いほうが断然有利。その代わりに錐体細胞が減り、色覚は衰えました。**

ただまったく色がわからないわけではなく、人間より彩度の低い色が見えています。赤を感知する錐体細胞はなく、赤と緑の区別がつかないといわれます。

いっぽうで2014年発表の研究では猫の水晶体が紫外線を通すことがわかり、紫外線が見えている可能性が浮かび上がりました。ネズミの尿には紫外線を反射する物質が含まれており、**紫外線が見えると狩りに役立つ**と考えられます。

赤が見える哺乳類は霊長類だけ

哺乳類の祖先は夜行性。そのため猫と同じように色覚はにぶく、夜間視力に長けていました。その後、霊長類だけは昼行性に変わり赤色が見えるようになりました。緑のなかで熟した木の実を見分けることができるようになったのです。

シャム猫は立体視が苦手

47

肉食動物にとって両眼視野は必須。両眼視野による立体視ができないと獲物をうまく捕らえることができません。猫もフクロウもカワウソも、顔の正面に両目があって立体視ができます。それに対して草食動物は顔の側面に目があり、両眼視野はほとんどない代わりに全体視野が広く、斜め後ろの敵にも気づけるようになっています。

ただし**一部のシャム（P.34）は両眼視野がなく立体視ができない**といわれています。シャムはよく寄り目（内斜視）になるのですが、これは寄り目になることで両眼視野を作ろうとしているのかな……と思ったらそう簡単な話ではありませんでした。視覚の伝達経路に異常があり、視界の左右端が脳に混乱した状態で伝わるため、左右端があまり見えないよう寄り目になっているとのこと。ポイントカラーの遺伝子（P.60）が関連しているといわれます。

猫の目のサイズ

人の眼球の直径は23㎜くらいで、猫は22㎜くらい。顔は人のほうがだいぶ大きいのに、眼球のサイズはほぼ同じです。なるほど、かわいいわけですよね。大きな目をもっているのは暗がりで活動する動物の特徴。フクロウもスローロリスもキンメダイも、暗がりのなかで活動するため大きな目で少しでも光を多く取り入れようとしています。

48

超音波も聴きとるするどい聴覚

人よりも犬よりも猫の聴覚は敏感。耳のよい人でも最高2万Hzまでしか聴きとれず、それ以上高い音は超音波とされますが、猫は**6万4千Hzまで聴きとれます**。猫の獲物となるげっ歯類は超音波の鳴き声を発するので、猫の耳は獲物の鳴き声をとらえられるようになっているわけです。

授乳中の母猫と乳飲み子はさらに聴覚がよいといわれます。生後3週の子猫は10万Hz、母猫は8万Hzまで聴きとれるそう。子猫は非常に高い声で助けを求めることがあり、母猫はそれをキャッチするために聴覚がするどくなるのだそうです。妊娠・授乳中はホル

32の筋肉で自在に動かせる

人間の耳介を動かす筋肉はたった3つで、しかも退化して動かせない人が大半。猫は32もの筋肉で自在に耳を動かします。

耳の飾り毛も聴覚に貢献?

一部の猫は耳先に長い毛があります。この毛は音をキャッチするアンテナになっているのかもしれません。ヤマネコの一種、オオヤマネコは耳先の毛が長く4cmほどありますが、これが聴覚の補佐をしているといわれます。

耳の小袋は「ヘンリーのポケット」

耳介の端にある袋状の部分は、海外ではヘンリーのポケットと呼ばれます。この部分が低音を消し高音を感知するのに役立つ、耳を折りたたみやすくするのに役立つという説もありますが、真偽は定かではありません。名前は電波の研究家ジョセフ・ヘンリーに由来するよう。

モンの変化で多くの神経がするどくなります。妊娠中の女性の味覚や嗅覚に異変が起こるのもそのひとつといわれます。

可聴域

猫は人には聴こえない高周波を聴きとります。低音域では半音のちがいを聴き分け、高音域ではひとつの音程の1/10の高低差を聴き分けるという耳のよさです。

49 脳が音の取捨選択をする

こんな実験があります。猫にメトロノームの音を聴かせながら脳波を調べると、はじめメトロノームの音のとおり脳波も振動します。が、ネズミの姿を見せたとたん脳波の振動がピタリ。**興味のあるものに集中すると音が聴こえなくなる現象**が起こるのです。人間もこういうこと、ありますよね。

逆に、**騒がしいなかでも自分に関係のある音だけは聴こえる現象**もあります。「カクテルパーティー効果」と呼ばれるもので、大勢の話し声でいっぱいのなかでも自分の名前や関心のある話題だけは耳が拾う現象です。犬では実験でカクテルパーティー効果があることが証明されていますが、猫にも絶対あるはず。どんな騒がしい状況でも缶詰を開ける音は聴き逃しませんから。耳の機能が音をキャッチするということと、脳がそれを認識するかどうかは別なんですね。

猫の耳のよさ

猫は人より何倍も耳がいいですが、人より何倍も大きく聴こえるわけではありません。高齢者には聴こえないモスキート音が若者には聴こえるように、人には聴こえない音を猫は拾えるという意味です。

舌のザラザラは半分に切ったストローの形

舌のザラザラは糸状乳頭（しじょうにゅうとう）といいます。マイクロCTスキャンで見ると糸状乳頭の先端は半円形で、1本1本がストローを縦半分に切ったような形をしています。**この形状により糸状乳頭は空洞部分に唾液を蓄えておける**ことがわかりました。ちょうど万年筆の先をインク壺につけると勝手にインクを吸い取るように、毛細管現象を起こすのです。これによって舌が多くの唾液を含み、効率よく毛づくろいができます。猫の舌はミクロで高性能なつくりをしていたんですね！

暑いときは皮膚にたくさんの唾液をつけ、気化熱によって体温を下げることもできます。猫がなめたあとの皮膚は温度が下がることがサーモグラフィーで確認されています。熱い被毛表面より皮膚のほうが最大17℃低い場合もあったそうです。

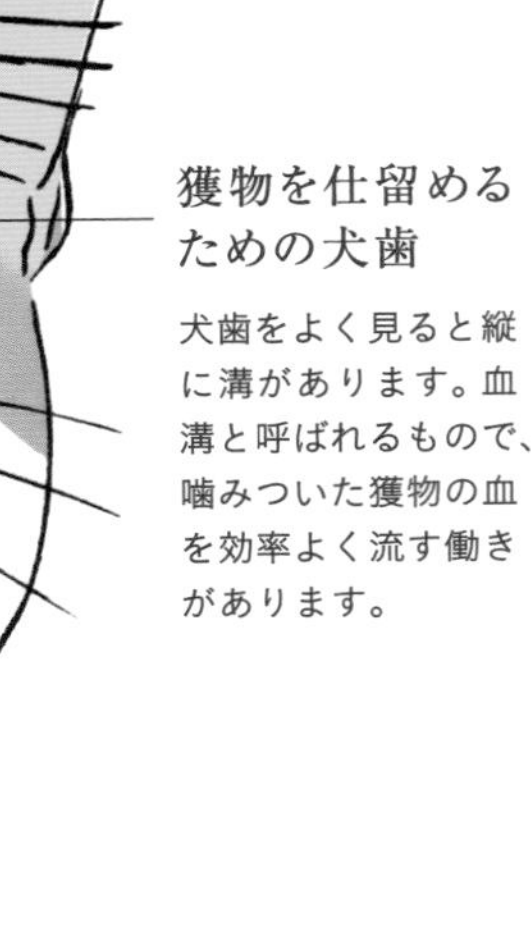

獲物を仕留めるための犬歯
犬歯をよく見ると縦に溝があります。血溝と呼ばれるもので、噛みついた獲物の血を効率よく流す働きがあります。

51

秒速78㎝で舌を動かして水を飲む

流体力学の博士がハイスピードカメラを利用して猫の水の飲み方を調べたところ、意外なことがわかりました。**猫は舌先を曲げてJのような形にして水面につけ、引き上げたときに水面とのあいだにできる水柱をパクッとくわえて飲んでいた**のです。このとき、舌の動きは目にも止まらぬ秒速78㎝。舌の動き1回で得られる水は0・14㎖。労多くして功少なし、な気がしないでもありませんが、なんにせよすごい身体能力です。

慣性(舌で引き上げられる力)と重力(下に落ちる力)のバランスがちょうど取れて水柱の大きさが最大になったときに口に入れているのだそう。

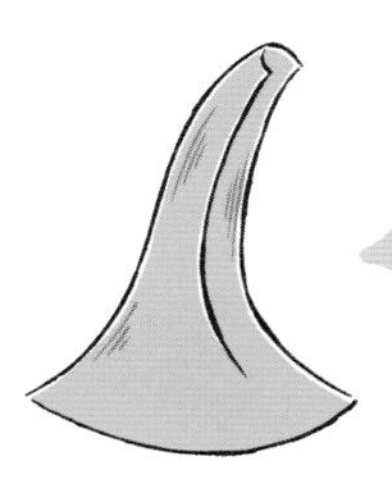

トラやライオンの糸状乳頭も同じ形をしていて、長さはどの種も2.3㎜くらいだそう。

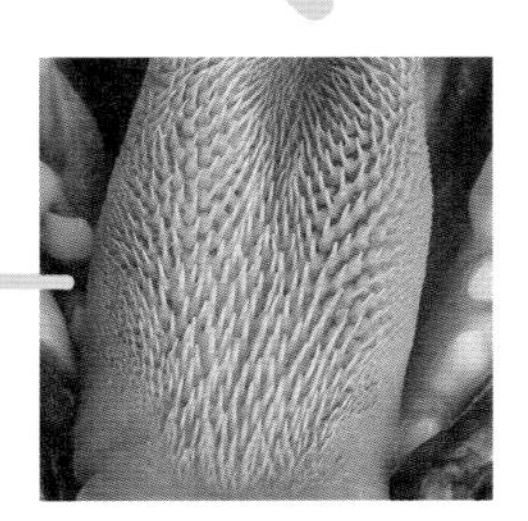

猫の舌には約300の糸状乳頭があり、のどの奥に向かって斜めに生えています。

?

猫は虫歯にならない

虫歯とは虫歯菌によって歯が溶ける状態。人の口内は弱酸性で虫歯菌が繁殖しやすいのですが、猫の口内は弱アルカリ性で虫歯菌は繁殖しません。ただし歯周病にはなりますし、虫歯とは異なりますが歯の組織が破壊される病気もあります。長く健康に生きるためには猫も歯磨きするのがおすすめです。

52

苦味、酸味に敏感でうま味も感じとる

苦味、酸味に敏感なのは危険を回避するため。苦味は毒、酸味は腐った食べ物のサインですから、感じとるとすぐさま吐き出します。

2023年発表の研究では、**猫の舌にもうま味の受容体が存在する**ことがわかりました。うま味とはタンパク質を構成するアミノ酸。肉食動物の猫がアミノ酸に敏感なのは当然ともいえます。実験で、猫に単なる水と、アミノ酸やヌクレオチド（うま味を増幅させる物質）を入れた水を与えたところ、後者を強く好んだそう。この実験結果は猫にとって**飲みやすい薬の開発に役立つかもしれない**そうです。

味蕾の数

人	約9,000
犬	約1,700
猫	約780

猫の味蕾の数は圧倒的に少ない。人間は味を楽しみますが、猫の味覚は危険な食べ物を察知したり、重要なタンパク質を感知するなど生きるための機能が主です。

においで食べ物を判断する

危険な食べ物を口に入れてしまうことはまれ。口に入れる前にすぐれた嗅覚で食べられるかどうかを判断します。

53 甘味は感じない

甘味は基本的に炭水化物のサイン。砂糖もハチミツも焼き芋も主成分は炭水化物です。人が甘味を感じとるのはすなわち、人間にとっては最も効率のよいエネルギー源が炭水化物だから。いっぽう猫にとって一番必要な栄養素はタンパク質。だから**炭水化物（甘味）を感じとる味覚は必要ない**のです。甘味受容体自体が存在しません。

トラもライオンもチーターも甘味を感じません。いずれも甘味受容体を作る遺伝子に変異があることがわかっています。**ネコ科共通の祖先のどこかで遺伝子の変異が起こった**のでしょう。

54 必要な栄養バランスを本能的に知っている？

飼い猫には栄養バランスのとれたキャットフードを選び、適正量を与えなければいけない。これは飼育書の常套句なのですが、それをくつがえすようなデータがあります。

数十匹の猫を対象に食べたいものを好きなだけ食べさせるという実験を行った結果、**どの猫も3大栄養素のタンパク質・脂質・炭水化物のカロリー比率が52：36：12の、理想的な栄養バランスになるように食べた**というのです。栄養バランスが異なる3種類のフードを用意すると、右記のバランスになるよう食べる比率を自ら調整したといいます。

さらに**体重の増減も3％ほどだったそう**。狩りをする動物は体が重すぎると不利ですから、太りすぎないよう調整するのが本来の姿。その本能が現代の猫にも残っていたといえます。

ただ、だからといってすべての猫に自由に食べさせていいかというと、やはり危険。食事調整の本能がすべての猫で働いていれば、肥満猫が存在するはずがありません。この実験は成猫が対象でしたが、成長期に食べ過ぎると脂肪細胞の数自体が増えて痩せにくくなるというデータもあります。

55
(COLUMN)

死のにおいを感じとる？セラピーキャット、オスカー

アメリカのとある高齢者介護施設にいたオスカーという猫には不思議な力がありました。オスカーは病院内を自由に歩き回ることができたのですが、オスカーがベッドに乗って添い寝を始めた患者はみな、その数時間後に息を引き取ったのです。そのことに気づいたスタッフたちは、オスカーが添い寝を始めると患者の家族を呼び寄せることにしたといいます。

仮説ですが、オスカーは死ぬ直前の人が発するにおいを嗅ぎとっていたのではといわれています。病気で亡くなる人は死の直前、体内でさまざまな変化が起き、特有のにおい（死前臭）を出すといわれます。人の息から癌の有無を探知する癌探知犬のように、オスカーも死前臭を嗅ぎとっていたのかもしれません。

オスカーが生涯で死を予見した患者は100人以上。患者の家族は死に目に会うことができてオスカーに感謝しているそうです。亡くなるまでの数時間、オスカーはのどをゴロゴロ鳴らしながら添い寝していたそう。亡くなる人にとっても癒やしだったのではないでしょうか。

56

猫の血液型はA、B、ABの3種類

猫の血液型にもA型やB型がありますが、人とはまったく異なります。人は片親からA、もう片親からBをもらえばAB型になりますが（AとBは同列）、猫の場合はAが優性なのでA型になります。AB型は独立した遺伝子（a^{ab}）によって発現します。

B型の母猫がA型の父猫と交尾し、A型の子猫が産まれるとたいへんです。B型の母猫の母乳にはA型に対する強い抗体があるため、母乳を飲んだ子猫が貧血を起こしてしまうのです。新生児溶血症と呼ばれます。ブリーダーはこれが起きないよう、事前に繁殖の組み合わせを考えています。逆のパターン（A型の母猫がB型の子猫を産む）は強い反応が出ず気づかないことが多いよう。A型のB型に対する抗体はそれほど強くないからです。

血液の遺伝

血液型	遺伝子型
A型	A/A　A/a^{ab}　A/b
B型	b/b
AB型	a^{ab}/a^{ab}　a^{ab}/b

遺伝の優劣はA＞a^{ab}＞b。bが2つ揃わないとB型になりません。

輸血の適合

受＼提供	A	B	AB
A	○	×	×
B	×	○	×
AB	×	×	○

同じ血液型を輸血するのが基本です。ただAB型は非常にまれなため、AB型の血がない場合はA型の血を輸血することもあります。

血液型の割合（日本）

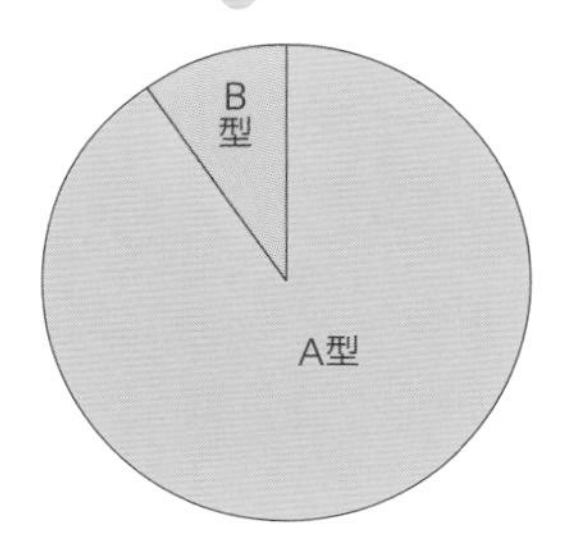

上記は日本の299匹を調べた結果。世界的に見てもA型のほうが圧倒的に多いですが、純血種のなかにはB型が多めの猫種も。AB型はごくまれで1％以下です。

57

肉球は体重の10倍の衝撃を吸収する

高いところから落ちても体をひねり、足から着地できる猫。そのぶん、足には大きな負荷がかかります。その衝撃を吸収するのは肉球。**肉球の皮下組織はラグビーボールのような形の脂肪が縦に並んでおり、圧力が加わると円柱状に変形して衝撃を吸収・減衰させます**。この構造を参考にして２０２１年には新素材が作られたそう。その新素材でできたシートで生卵を包むと、落としても割れないのだそうです。

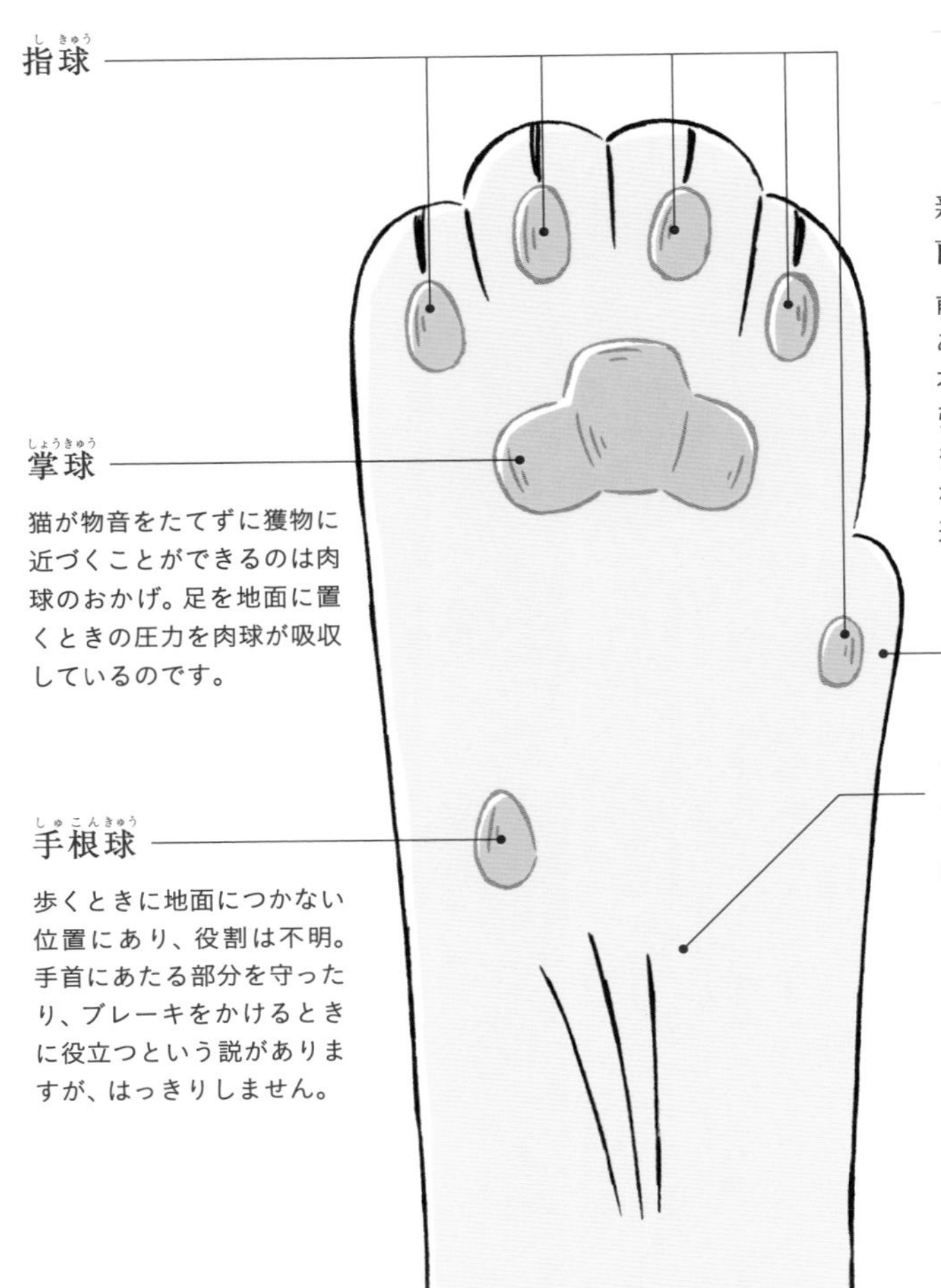

指球（しきゅう）
前足
親指があるのは前足だけ
前足は親指含め５本の指がありますが後ろ足の指は４本。前足はものをつかむ、引き寄せるなど複雑な動きをしますが、後ろ足は複雑な動きをしないので親指が退化したといわれます。
掌球（しょうきゅう）
猫が物音をたてずに獲物に近づくことができるのは肉球のおかげ。足を地面に置くときの圧力を肉球が吸収しているのです。
前足の手首付近にもヒゲがある
顔に生えているヒゲと同じものが、前足の内側、手首にあたる部分のそばに数本生えています。手根触毛といい、足元の障害物を避けたり、獲物の動きを感知したりするのに役立ちます。
手根球（しゅこんきゅう）
歩くときに地面につかない位置にあり、役割は不明。手首にあたる部分を守ったり、ブレーキをかけるときに役立つという説がありますが、はっきりしません。

58

肉球は0.005㎜の変化も感じとる

大きな衝撃に耐えるのに、ごくわずかな変化も感じる繊細さもあるのが猫の肉球のすごいところ。**0.005㎜という微細な変化にも反応する**といいます。例えば地面の虫を前足で押さえたとき、その虫がほんのちょっと動いただけでも感知できます。不安定な足場で歩くことができるのも、肉球が足元の凹凸を感知し体のバランスを調整しているからです。

後ろ足

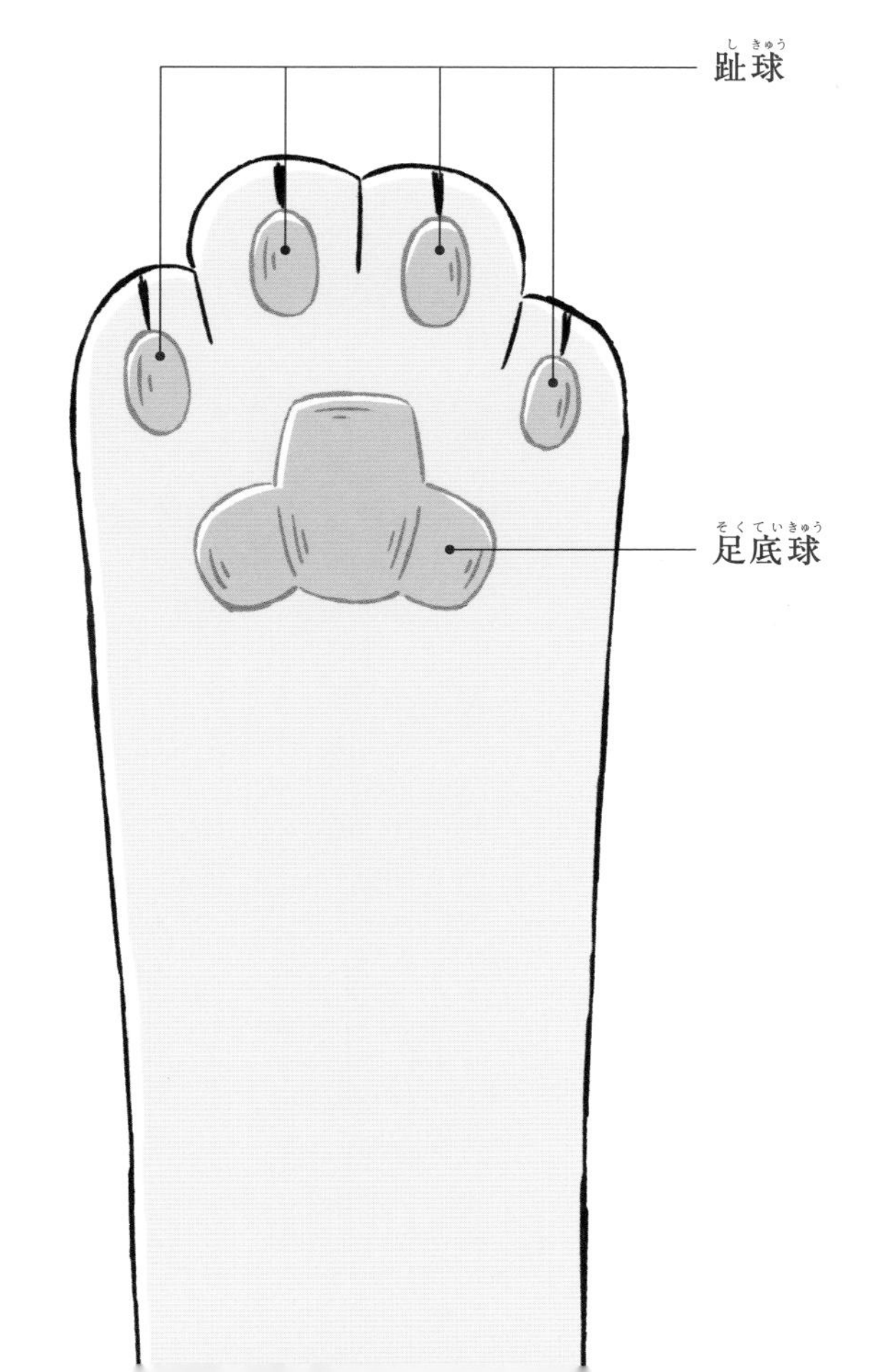

ヘミングウェイの猫は6本指

作家のヘミングウェイはスノーホワイトという白猫をかわいがっていました。この白猫は多指症で前足が6本指。奇形の一種ですが日常生活に不便はなく、ふつうより器用ともいいます。ヘミングウェイは多指症の猫は幸運を呼ぶと信じていたそう。現在は博物館となったヘミングウェイの屋敷には白猫の子孫が約60匹おり、半数の猫は6本指だそうです。

59

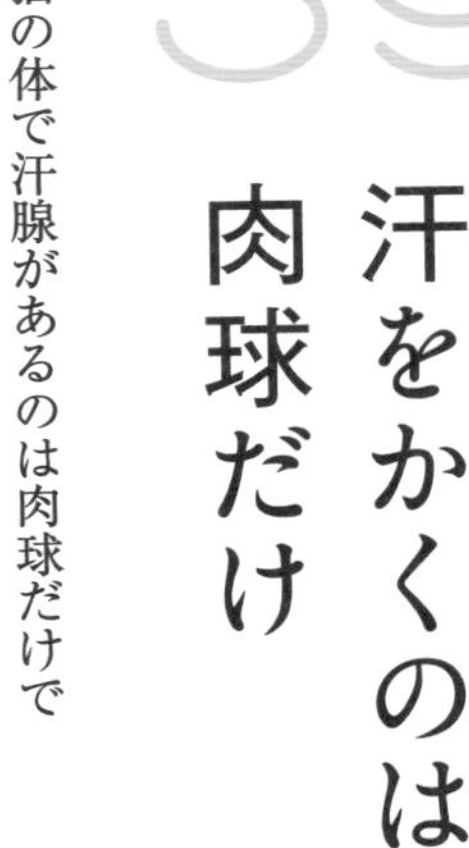

汗をかくのは肉球だけ

猫の体で汗腺があるのは肉球だけです。**肉球の汗は滑り止めに役立ちます。**肉球がさらさらと乾いているよりも適度に湿っていたほうが滑りにくく、よじ上ったりものをつかんだりするのに好都合なのです。動物病院に猫を連れて行くと診察台の上に肉球の跡がつくことがありますが、これは緊張の汗。ピンチを感じとり臨戦態勢になっています。

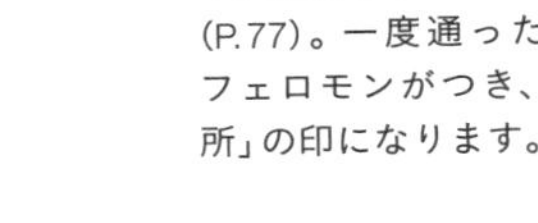

歩いた場所には指間フェロモンがつく

肉球のあいだの皮膚には分泌腺があり、指間フェロモンが出ています(P.77)。一度通った場所にはこのフェロモンがつき、「探索済みの場所」の印になります。

前足で踏んだ場所を後ろ足でも踏む

猫は歩くとき前足で踏んだ場所を後ろ足でも踏みます。**前足で踏んだ場所は安全とわかっているので、後ろ足でも踏む**のです。

また**前足でまたいだ障害物は後ろ足でもまたぎます。**当たり前と思うかもしれませんが、後ろ足でまたぐとき猫にはその障害物が見えていません。考えてみればすごいことです。実験で猫に数cmの板をまたがせると、前足と同じ高さまで後ろ足を上げることがわかりました。**障害物の位置や高さなどを無意識に記憶**しているから見なくてもまたげるのです。その記憶がどれくらい続くのか確かめるため、前足でまたいだあと食べ物を与えてそのままのポーズで待機させる実験もしました。10分後、歩行を再開した猫はちゃんと後ろ足を高く上げてまたいだそう。猫も立ったままでよく10分も待ったものです。

61

猫パンチできるのは鎖骨があるから

PUNCH!

相手の顔を平手ではたくようにくり出す猫パンチ。これは猫に**鎖骨があるからできる動作**です。犬は鎖骨がなく前足が左右にほとんど動きません。猫が器用に顔を洗うことができるのも前足を回転させられるから。犬は50度、猫は**115度回転させられます**。

?

脳の感覚野は後ろ足より前足のほうが大きい

体のよく使う部分や感覚のするどい部分は、それに対応する脳の領域（感覚野）も大きくなります。例えば人間では顔と手のひらに対応する領域が大きくなっています。猫の場合、よく使う前足の感覚野のほうが後ろ足より大きくなっています。

62

オスは左利き、メスは右利き？

魚の切れ端を入れた透明のビンに猫がどちらの手（前足）を入れるか調べたところ、**オス猫は21匹中19匹が左手を、メス猫は21匹中20匹が右手をはじめに入れた**という結果があります。男性ホルモンのテストステロンは右脳の発達をうながしますが、右脳とつながっているのは左手。だからオスは左利きになりやすいのかもしれません。ちなみに人間も左利きが多いのは男性。人間は文化的に右利きに矯正されることが多いですが、それでも女性より男性のほうが左利きの割合が高いのです。

利き手と性格の関連を調べた研究もあります。右利き猫は左利き猫より遊び好きの猫が多いとか、**利き手が決まっている猫は両利きの猫より自信があり愛情深く活動的で友好的**というデータもあります。

猫の足の運び方はいく通りもある

猫が歩いたり走ったりするとき、右前足のつぎに出すのはどの足でしょうか？　答えは「ケースバイケース」。猫の歩き方や走り方は複数あるからです。**常歩**(じょうほ)、**側対歩**(そくたいほ)、**速歩**(そくほ)、**側対速歩**(そくたいそくほ)、**ギャロップなど全部で12種類**が確認されており、左はその一部。右前足のつぎに出すのは左後ろ足だったり、左前足と右後ろ足が同時だったりバラバラです。いったいどうやって頭を切り替えているのか、人間には想像がつきませんね。猫をランニングマシンに乗せた実験では、スピードを早めたり遅くしたりすると、猫は足の運び方を自然に切り替えたそうです。

猫の最長ジャンプは213㎝

猫が最も遠くへジャンプした記録は213.36 ㎝。ワッフルザウォーリアーキャットという名の10歳の白黒猫が2018年に樹立しました。しかも助走なしのジャンプです！

ゆっくりとした常歩

ゆっくりとした速歩

ゆっくりとした側対速歩

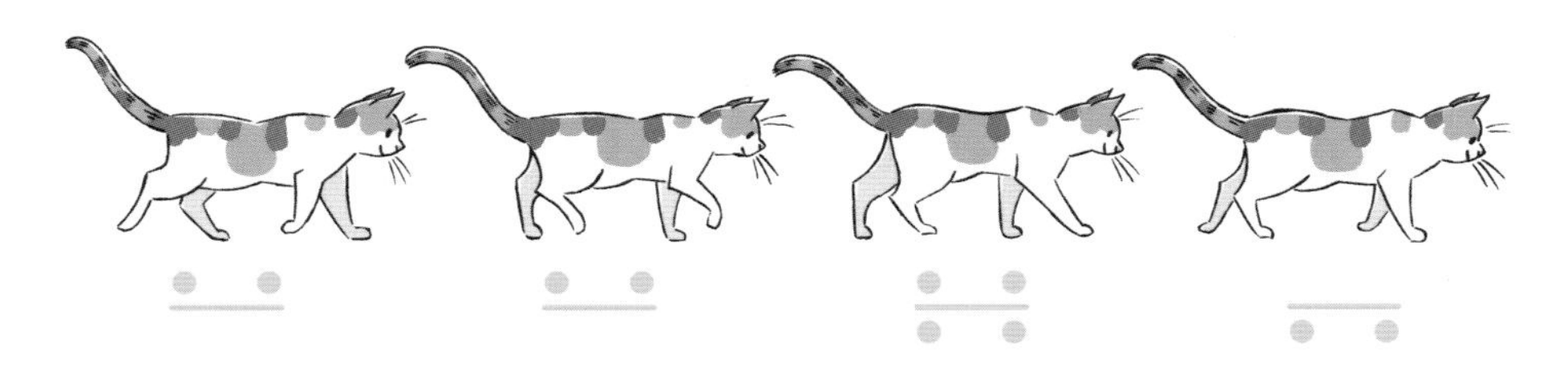

速いギャロップ

64

0.000005㎜の動きも感じとる猫のヒゲ

ヒゲは被毛より深いところから生えていて、根元は知覚神経が取り囲んでいます。このしくみで**わずか2㎎の重さも感じとりますし、空気の流れなどで1㎜の20万分の1動いただけでも察知します**。風向きはもちろん、近くの障害物に反射した空気の流れも感知。猫は近すぎるものは目で確認しづらいですが（P.83）、顔のヒゲがそれを補っています。

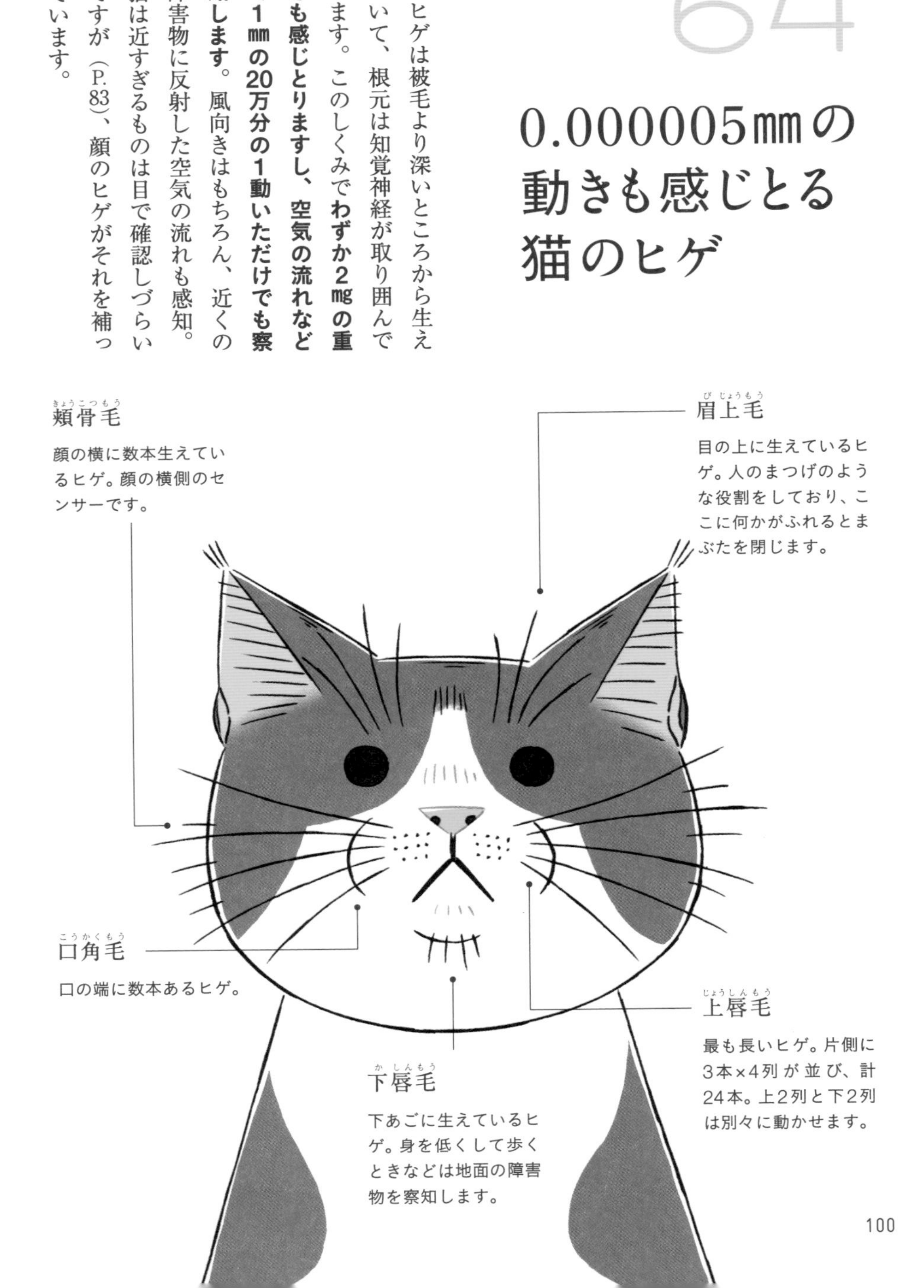

頬骨毛（きょうこつもう）
顔の横に数本生えているヒゲ。顔の横側のセンサーです。
眉上毛（びじょうもう）
目の上に生えているヒゲ。人のまつげのような役割をしており、ここに何かがふれるとまぶたを閉じます。
口角毛（こうかくもう）
口の端に数本あるヒゲ。
上唇毛（じょうしんもう）
最も長いヒゲ。片側に3本×4列が並び、計24本。上2列と下2列は別々に動かせます。
下唇毛（かしんもう）
下あごに生えているヒゲ。身を低くして歩くときなどは地面の障害物を察知します。

65 盲目の猫のヒゲは太くて長い

盲目の猫もすみ慣れた場所では、まるで見えているかのようにスムーズに動くことができます。**目が見えないぶん、聴覚と触覚がよりするどくなって動きを補う**のです。生まれつき盲目の猫は顔のヒゲがふつうより太く長くなるそう。触覚からの情報収集を多くするためでしょう。脳のヒゲに対する感覚野も広くなるようで、盲目のマウスでは最大33%拡大することが確かめられています。人間でも事故などで脳を損傷して部分的に機能を失うと、残りの脳が失われた機能を担うことがあります。脳と身体の柔軟性を感じます。

66 深皿での食事はヒゲ疲れを起こす

猫は食事中、ヒゲが皿にあたらないよう顔の側面に沿わせています。ヒゲのセンサーが無意味に反応してしまわないようにです。これが案外、**顔の筋肉に力を入れながら食事をするので疲れるのだ**という説があります。

２０２０年発表の実験では、**74%の猫が深さ3cmの皿より1cmの皿に入ったフードを好んで食べた**そう。前足で皿からフードをかき出して食べる猫もいますが、これもヒゲ疲れが嫌でやっていることかもしれません。

白血病の猫のヒゲはウネウネ

「白血病に感染している猫のヒゲは波打っている」。臨床の現場ではよくいわれていたこの話が科学的に確かめられたのは2023年のこと。波打ったヒゲをもつ猫56匹中50匹が白血病陽性という結果でした。飼い猫のヒゲが波打っていたら病院で調べてみましょう。

猫の知能は人の1〜2歳児くらい

異種どうしの知能を比べるのは難しいことです。そもそも知能とは何かという話になってしまいます。ここまで読めばわかると思いますが、猫にはできて人にはできないことはたくさんあります。人は論理的思考に長けていますが、猫にそれができないからといって知能が低いと決めつけることはできません。犬と猫、どちらが賢いかを比べるのも同じこと。ある専門家はこれを「**ハンマーとドライバー、どちらがすぐれた道具かを比べるようなもの**」と表現しています。

それを承知で無理やり人間にあてはめるとすれば、**猫の知能は1〜2歳児くらい**でしょうか。根拠は「対象の永続性」を理解していること。これは人間の発達を測る指標で、「見えていた対象物がその後見えなくなっても存在することを理解している」というもの

人間の脳

1,200 〜 1,500 g
（体重の2 〜 2.5％）

大脳新皮質（知的活動を司る）
大脳辺縁系（感情を司る）
脳幹（生命活動を司る）

です。これを理解する前の幼児は、見えなくなったものは消滅したと思っています。

人は生後半年ほどで「対象の永続性」を理解しはじめ、18〜24か月齢になると対象物が隠れるところを見ていなくても、どこにあるか予想して探すようになります。猫もこれと同じことができます。つまり人間の1〜2歳児と同程度ということ。2歳児にしては、ずいぶん身体能力が高いですけどね。

物理法則を理解

実験で、箱を振ると音が鳴るのに箱をひっくり返しても何も出てこない、という状況を猫に見せます。すると注視時間が長くなるのです。これは「箱を振ると音がしたのは中にものが入っていたから。なのに箱から何も出てこないのはおかしい」という思考をしたと考えられます。

因果関係は理解しない?

実験で、おやつを結びつけた紐Aと何も結ばれていない紐Bを用意。Aを引っぱればおやつが食べられます。しかし結果はAを引っぱった猫とBを引っぱった猫が半々。「おやつを食べるにはこの紐を引っぱればいい」という因果関係がわからなかったとされます。ただしこの実験には反論もあり、紐自体が猫にとっては魅力的なので両方にじゃれついた可能性などが指摘されています。

2年会っていなかったもと飼い主の声を覚えていた例も

こんなドキュメンタリーがあります。入院するため飼い猫のくうちゃんを知人にゆずった大野さん。2年後、大野さんの声を録音してくうちゃんに聴かせるという実験をしました。はじめは見知らぬ人の声で「くうちゃん」。くうちゃんは知らんぷり。つぎに大野さんの声で「くうちゃん」。するとくうちゃんはパッと振り向きます。その反応の差は素人目にも明らか。猫は3年の恩を3日で忘れるわけではないのです。

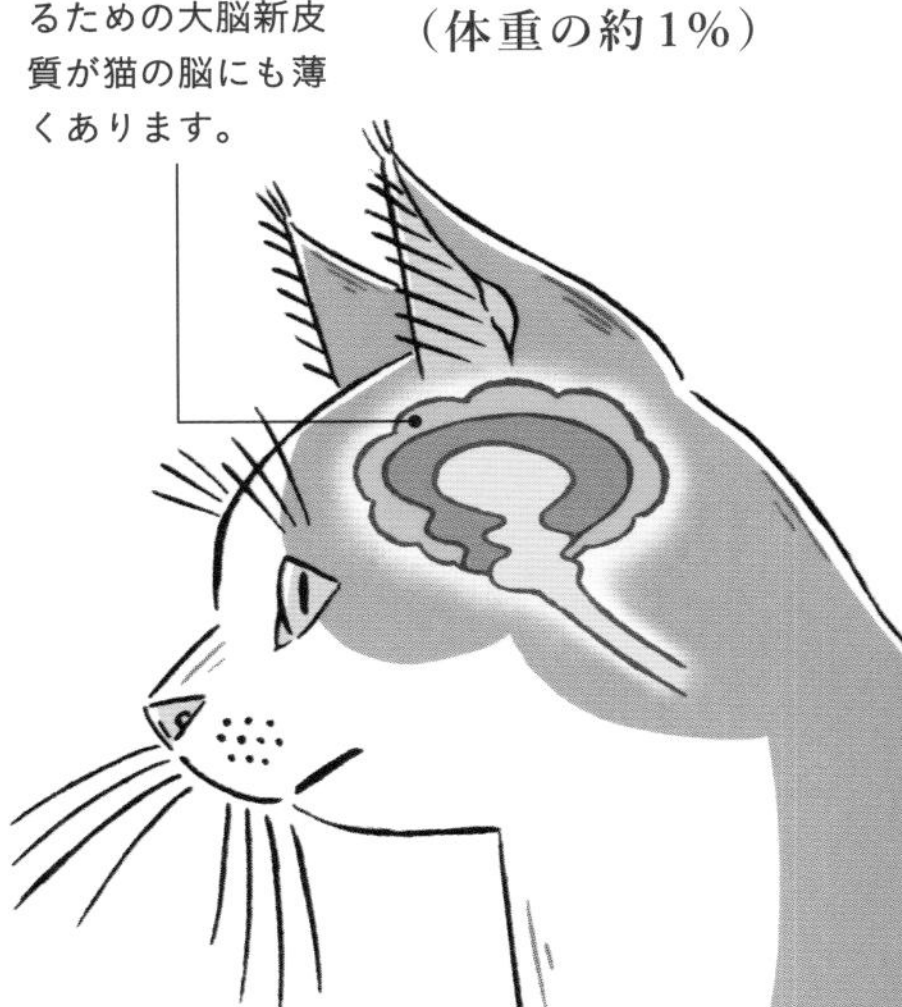

68

「社会的学習」ができる

「社会的学習」とは、他者の行動を観察して模倣すること。子猫は母猫が狩りをするのを見て自分も狩りができるようになりますが、これも社会的学習です。ほかに「レバーを押して食べ物を出す」という野生では行わない行動も、ほかの猫がやっているのを見るとできるようになります。すべての行動を自分の力だけで、いちから学んでいたのでは時間がかかってしょうがありません。**社会的学習は賢い生存戦略**なのです。

ドアや窓を開けたり、引き出しを開けたりする猫がいるのも社会的学習。飼い主の行動を真似たのです。**見る対象が猫でなくても社会的学習はできる**という証拠です。

猫は人間を「大きい猫」と思っている説

イギリスの動物学者ジョン・ブラッドショー氏によると、猫の人に対する行動はほかの猫に対する行動と同じで、人を異種だと認識しているようには見えないとのこと。つまり人間を大きい猫と思っている可能性があるのです。

猫が飼い主に捕らえた獲物を見せにくることがありますが、あれは母猫が子猫に狩りを教えるとき、まずは自分が捕らえた獲物を見せることに由来するという説も。「コイツに狩りを教えてやるニャ」という気持ちでしょうか？

4

おどろきの生態と行動

69 野生の猫はひとりで生きる

野生の猫はなわばりをもち、なわばり内で単独生活をします。**猫の獲物は小動物ですから、ライオンのように群れで協力して1匹の獲物を狙う必要がありません。**逆に、なわばり内に複数の猫がいると獲物の奪い合いが生じます。成猫が複数で暮らしてもいいことがないのです。そのため猫には、寂しいという感情はないといわれます。寂しいなんて感情に襲われていたら、ひとりでは生きていけませんよね。

しかし飼い猫は多頭飼いもできますし、同居猫や飼い主がいないと寂しそうにする猫もいます。なぜでしょう。それは、飼い猫はおとなになっても子

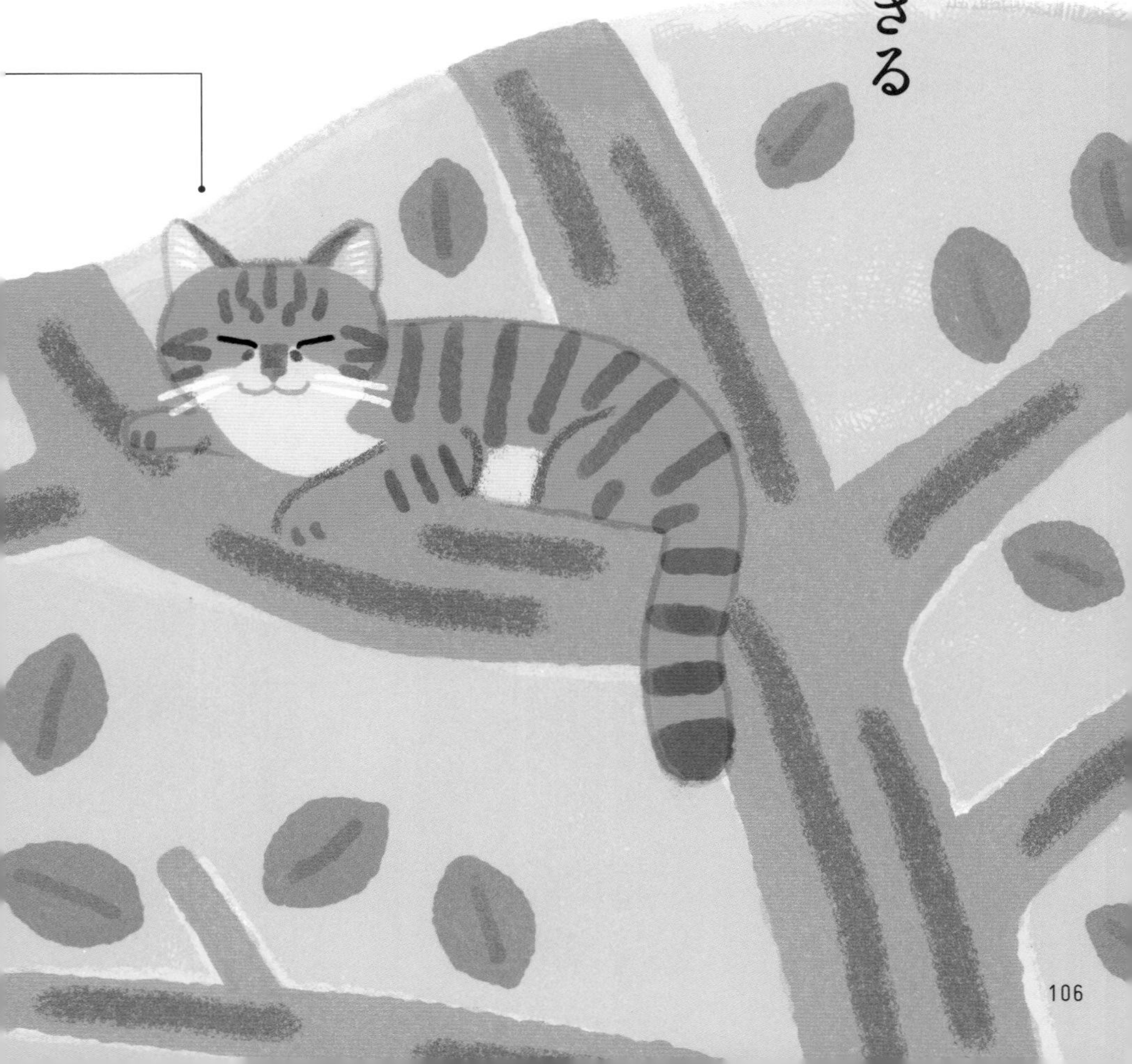

猫メンタルをもっているから。**飼い猫は自分で食糧を得る必要がないので、心が子猫のままでも生きていける**のです。子猫時代はきょうだいといっしょに暮らしますし、母猫と離れると不安を感じます。

そしてこのことが、**猫の性格の多様性を生み出しています**。ひとりでも生きていけるけど複数でも生きていける。おとなメンタルの子もいれば子猫メンタルの子もいる。1匹のなかでもおとなの部分と子猫の部分が混在している。本来の野性はベースにありつつ、幅広い多様性を見せてくれるのが猫のおもしろいところです。

☞P.130 気分のモードがいくつもあって瞬時に切り替わる

高い場所は安心できる

高いところからはまわりが見渡しやすく、地上の敵からは見えにくいというメリットがあります。高い場所が好きなのはそのため。精神的に安心できます。

70 なわばりの大きさは環境に左右される

なわばりの大きさは、獲物の豊富さに左右されます。たくさん獲物が捕れる場所ならなわばりは小さくて済みますし、獲物が少ない場所ならなわばりを広くしないと生きていけません。**なわばりをパトロールしたりほかの猫から守ったりするにはそれなりの労力が必要なので、広ければ広いほどいいわけではありません**。ですから室内飼いの猫を「せまいところに閉じ込められてかわいそう」なんて思う必要はなし。食事に事足りていてストレスがなければ、せまくてもOKなんです。

誰も寄せつけない ホームテリトリーのまわりに ハンティングテリトリーがある

71

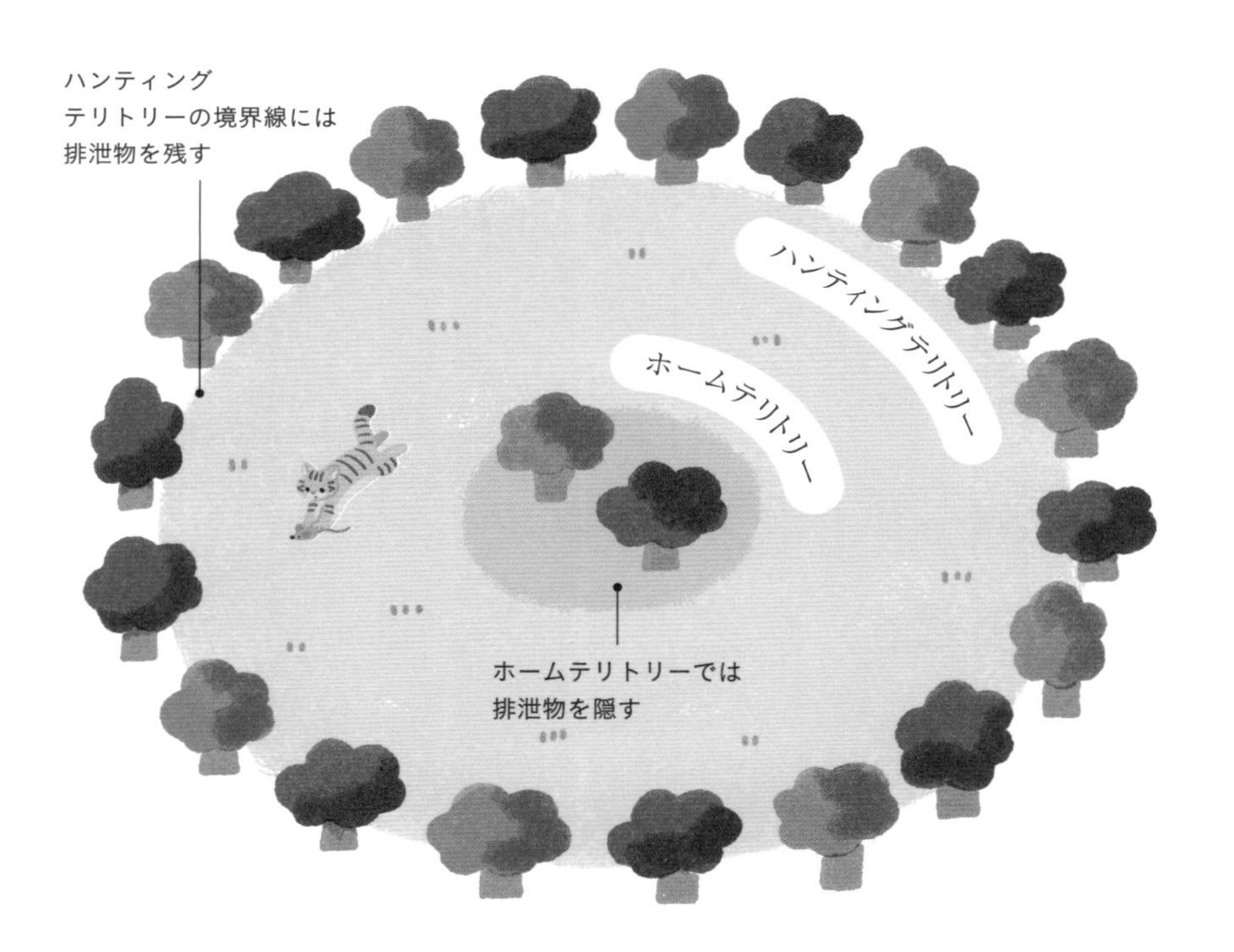

なわばりは大きく分けて2種類あります。寝床があり自分以外の誰も侵入を許さないホームテリトリー。ホームテリトリーより広く、獲物を捕まえるためにパトロールするハンティングテリトリー。ハンティングテリトリーはのちほど説明しますが、ほかの猫のなわばりと重なる部分があります。

ハンティングテリトリーではなわばりを主張するため排泄物を目立つように残します。ほかの猫へのサインとして、糞尿を隠さずに「ココには自分がいるぞ」とアピール。いっぽう、**眠る場所は見つかりたくないですから、ホームテリトリーでは糞尿に砂をかけて隠します。**飼い猫には排泄物をていねいに隠すタイプと隠さないタイプがありますが、ホームテリトリーと思っているか、ハンティングテリトリーと思っているかの差かもしれません。

72 オスのなわばりはメスの3・5倍

野生のオス猫のハンティングテリトリーには食糧の確保のほかに、もうひとつ重要な目的があります。**交尾相手となるメスの確保**です。オスは、メスのなわばりを囲む形でなわばりを作り、ほかのオスの侵入を阻止します。オスはなるべく多くのメスと交尾して多くの子孫を残したいと思っていますが、自分ひとりで見回ることのできる広さは限られています。結果、**メスの3・5倍くらいの広さのなわばりを作るオスが多い**のだそう。ちなみに去勢されたオスのなわばりは、メスと同サイズまで縮小します。

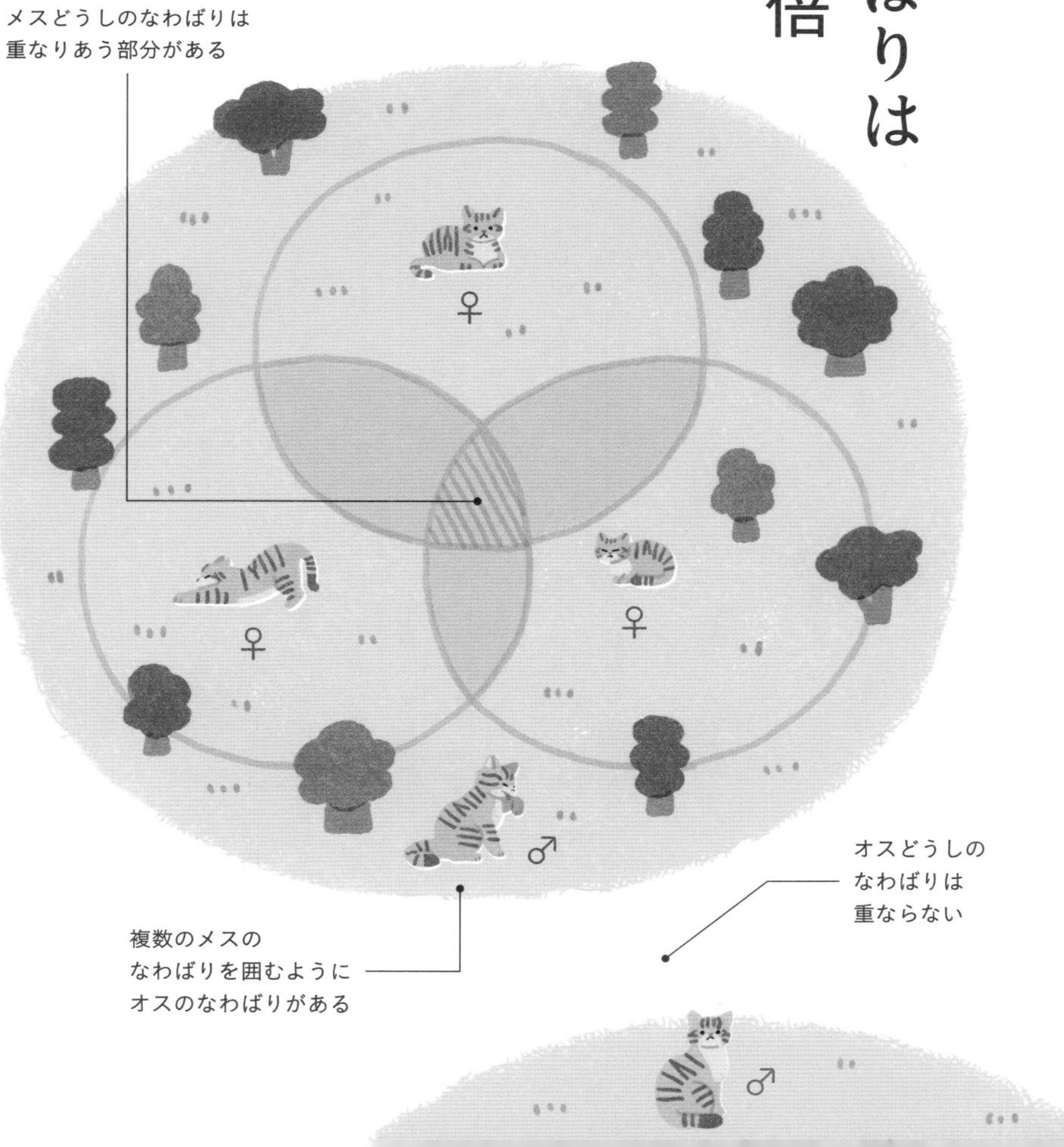

73 なわばりの主張はオシッコと爪とぎ

ハンティングテリトリー（P.108）では「ここには自分がいるぞ！」という主張のためにオシッコや爪とぎでマーキングします。ふつうの排尿のときは腰を落としますが（イラスト中央）、**マーキング目的の排尿は後ろ足を伸ばして後方に向かって勢いよくオシッコを飛ばします**（イラスト右）。これをスプレーといいます。高い位置に尿をかけることでにおいがより飛散しやすくなり、葉の裏などにつくことで雨で洗い流されず残りやすくなるわけです。スプレーには肛門腺（P.77）の分泌物が混ざっているという説もあります。

発情期のオスは1時間に22回もスプレーをすることもあるそう。スプレーしたい場所が多い場合は1回に出す尿量を減らして調整しますが、尿がもう膀胱に残っていなくてもスプレーの恰好だけはするといいます。マーキング本能の強さがうかがえます。

爪とぎもマーキングの一種。爪とぎした場所には指間腺（P.77）から出る分泌物がつきます。背を伸ばしてなるべく高い位置に爪とぎ跡をつければ「自分はこんなに大きいんだゾ。入ってくるなよ」というアピールにもなります。

74 新しいマーキングはほかの猫に対しての「赤信号」になる

尿のにおいからはなわばりの主の情報はもちろん（P.79）、**においの濃度によって最近この場所へ来たか来ていないかもわかります**。新しいにおいはなわばりの主が健在である証拠。つまり**「入ってくるな」という赤信号**になります。においが薄くなっているのは、なわばりの主が病気などでパトロールできないことを示します。するとほかの猫はその上に自分の尿をスプレーして自分を主張しはじめます。そうしてなわばりに侵入し、もとの主を追い出して乗っ取ることもあります。

体重3kg以上の哺乳類の排尿時間は21秒

人間も猫もゾウも、体重3kg以上の哺乳類であれば排尿時間は平均21秒、というデータをアメリカの研究者が発表しました。体が大きくなるほど膀胱は大きくなり尿量も増えますが、尿道も長くなるぶん液体の流れも速くなり、排尿時間がさほど変わらないのだとか。

75 ほかの猫と出会いそうになると気づかないフリでやり過ごす

ホームテリトリー（P.108）はその猫固有のなわばりですが、ハンティングテリトリーはほかの猫と共有している部分があります。こういった場所でも猫どうしは鉢合わせしないよう注意しています。早朝はAの猫、夕方はBの猫が使うというふうに時間帯で分けていることもあります。

それでもうっかり出会ってしまったときの猫たちの行動はちょっと奇妙。目の端で相手の姿をとらえつつ、「見ていませんよ」というふうに辺りをキョロキョロ見回します。**親しくない相手をじっと見つめることは敵意を表すので、知らんぷりを通すのが礼儀**なのです。これは人間に対しても行われます。例えば飼い始めたばかりで慣れていない猫を見つめると目をキョロキョロさせることがあります。それがいかにも「き、き、気にしてませんよっ！」といっているようでちょっとおかしくなります。

猫の集会

夜中に神社や公園で野良猫たちが集まっていることがあります。集まっていてもただじーっと座っていることが大半で、その目的は謎。また、街中にいる猫たちは半飼育下（人が食事を与えている）であり、野生の猫が同じことをするかは不明です。春から秋にかけての無風で静かな夜に集まることが多く、交尾相手を見極めるためという説もあります。

76 猫が過密になるとボス猫が現れる

野生の猫には本来、ボス猫は存在しません。そもそも野生の猫はそれぞれに固有のなわばりをもちほかの猫といっしょにいることは基本的にないので、ボスを決める必要などありません。

ただ、多頭飼いの家庭（飼育下）や、人から食事を得ている野良猫（半飼育下）で、特定のエリアに集団で猫がいる場合は、猫のあいだに順位が生まれます。**最高位の猫は食事の優先権やよい寝場所の使用権があります。**集団で暮らす際には、順位が決まっていたほうが毎回いちいち争わずに済むというメリットがあるのでしょう。

上下関係はゆるい

下位の猫がよい寝場所を使っている場合、ボス猫が近づいてきたら場所を譲ります。ただボス猫がいないときはその寝場所を使えますし、食糧が豊富ならボスといっしょに食事もします。上下関係は絶対的ではなくゆるいものです。

下位の猫はボス猫にへつらう

下位の猫はボス猫に頬ずりをしてご挨拶。子猫が母猫に甘えて頬ずりするのと同じです。頬ずりすることでボスのにおいが自分につき、「ボス承認済」の証になります。

77 1日に何度も眠り睡眠時間は12時間以上

動物の睡眠は単相性睡眠と多相性睡眠があります。人間のようにまとまった睡眠を1回でとるのが単相性。短い睡眠をちょこちょことるのが多相性です。ほとんどの哺乳類は多相性睡眠で、**猫は1日に平均14回も寝たり起きたりをくり返します。**トータルの睡眠時間は論文によってまちまちですが、いずれも**1日の半分以上は寝ている**というデータばかり。3歳の室内猫6匹の脳波を測定した実験では、トータルの睡眠時間は平均15・6時間だったそうです。

猫がこんなにたくさん眠るのは怠け者だから……ではありません。肉食動物だからです。植物は肉に比べてカロリーが低いので草食動物は1日の大半を採食に費やします。そのため睡眠時間は短め。キリンは1日2時間しか眠りません。いっぽう肉食動物は、一度たっぷり食べてしまえばカロリーは問題なし。**つぎの狩りに備え、眠って体力を蓄えておくのが得策**なのです。

?

活動時間は1日の3割

脳波を測定した実験では、猫の活動時間（室内を移動した時間）は1日の3割（7.2時間）でした。残りの7割は寝ているか、動かずに毛づくろいなどをしていたそう。野生の猫は狩りやなわばりパトロールがあるためもう少し活動的だと思いますが、飼い猫は放っておくと3割しか動かないんですね。

まぶしいと目を覆って眠る

前足で顔を覆って寝ていたり、うつ伏せで「ごめん寝」しているのは光がまぶしいから。昼間も眠る猫だから見られるポーズです。

78 レム睡眠とノンレム睡眠をくり返しレム睡眠時に夢を見るらしい

睡眠にはレム睡眠（浅い眠り）とノンレム睡眠（深い眠り）があります。レム睡眠時は脳が活発に動いており、人間はよく夢を見ます。**猫も同じくレム睡眠時に夢を見ている**といわれます。科学的に証明されているわけではありませんが、寝言をいう猫や寝ぼけて走り出す猫もいることを考えると、まちがいないだろうと思います。ラットの研究では、**学習させた迷路を睡眠中に脳で再生して復習**することがわかっています。猫がどんな夢を見ているか、近い将来わかるかもしれません。

赤ちゃん猫はレム睡眠の割合が高い

赤ちゃん猫はほぼ1日中眠っていますが、成猫よりレム睡眠の割合が高いことがわかっています。レム睡眠は脳を活性化し成熟させるのに役立つといわれます。人間の赤ちゃんもレム睡眠が多いそうです。

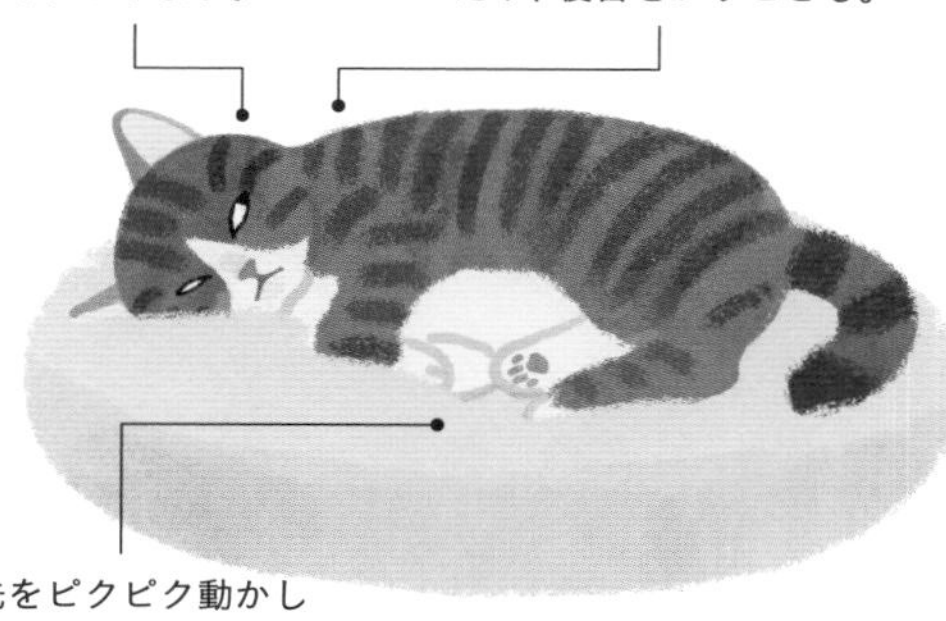

「レム」とは眼球が速く動くという意味。半目を開けて眠るタイプの猫は、レム睡眠時の眼球の動きがよくわかります。
ヒゲがピクピク動いたり、口をくちゃくちゃ動かしたり、寝言をいうことも。
指先をピクピク動かしたり、爪を出したり。けいれんと勘違いする人もいます。

レム睡眠中の猫

79

母猫に教わらないと獲物を仕留めることはできない

動くものを追いかけたりもてあそぶのは本能的な行動でどの猫も行いますが、**獲物を仕留める動きは、母親から教わってはじめてできるようになります。**後ろから首筋に噛みつき、犬歯を脊髄に貫通させて瞬殺。こうしないと「窮鼠猫を噛」み、傷を負う危険があります。学んでいない猫でも小動物をもてあそんでいるうちに死なせてしまうことはありますが、本来の洗練された一撃とはほど遠いものです。

野生では、子猫が生後4週ごろになると母猫は殺したネズミを持ち帰り、子猫の前で食べて見せます。つぎに半殺しにしたネズミを持ち帰り子猫の前でリリースします。子猫たちははじめて見る生きたネズミにおっかなびっくり。母猫はネズミが逃げないよう上手に取り押さえながら、最後は子猫の前で殺して見せます。

こうした学習をしないと優秀なハンターにはなれませんし、殺した獲物は食べ物であることもわからず、ネズミを与えても食べない猫に育ちます。**本能だけでは狩りはできない**のです。

跳びかかる前におしりをフリフリ

獲物に跳びかかる直前におしりが揺れるのは、後ろ足を交互に踏みかえているから。足場を確かめる無意識の行動だといわれています。

爪が引っ込められるからするどさを保てる

獲物の体を押さえるためには爪のするどさが必要。猫の爪は収納できるのでするどさを保てますし、忍び寄るとき音をたてる心配もありません。

80 「だるまさんがころんだ」ができるのは猫の狩猟本能

昔、「だるまさんがころんだ」ができる猫の動画が話題になったことがあります。飼い主さんが物陰に隠れてから顔をのぞかせると、猫がこちらを向いたままピタリと静止。飼い主さんが顔を引っ込め、再び顔をのぞかせると猫が少し近づいた場所でまたピタリと静止しているというものです。

じつはこれは猫の狩りの習性。猫の狩りは獲物に気づかれずに忍び寄ることが必須です。**獲物の視界に自分が入っていないときにそっと近寄り、視界に入っているときは静止して息を殺します**。げっ歯類などの獲物も猫と同じく視力が悪いので（P.82）、ピタリと止まっていれば気づかれにくいのです。これはそのまま、「だるまさんがころんだ」の動きですね。動画の猫は、飼い主さんを獲物に見立てて忍び寄っているのです。

動画では最後、飼い主さんの足元まで猫が近づき、飼い主さんがさわろうとすると身をひるがえしてピューッと走って逃げていきます。この一目散に逃げていくようすがまた、「だるまさんがころんだ」のようで見事なのです。

ウイスキーを守る猫

ウイスキー蒸留所では昔からネズミ駆除役の猫を飼うのが習わしで、こうした猫をウイスキーキャットと呼びました。スコットランドの蒸留所にいたタウザーというメス猫は、24年間で28,899匹のネズミを捕まえた記録をもちます。捕らえたネズミを律儀に特定の場所まで持ってくるので、スタッフが数えていたそうです。

食の好みは子猫時代に作られる

野生の猫は、母猫が食べるものを自分も食べるようになります。子猫時代に食べなかったものは食べ物と認識せず、生涯口にしない猫もいます。**「猫は魚好き」というイメージがあるのは我々が日本人だから**。島国である日本では、肉より魚のほうが手に入れやすかったからです。その土地で入手しやすい動物性タンパク質は猫にも与えられる機会が多く、必然的に人の食の好みと猫の好みが似ます。アメリカの猫は牛肉好きですし、ニュージーランドの猫は羊肉を好むといいます。

82 「ちょいちょい食べ」が本来の食性

祖先のリビアヤマネコは1日に10匹くらいのネズミを食します。狩りの成功率は10％程度で、一度に多くは捕まえられません。捕まえて食べて眠る、を1日10回ほどくり返す生活で、食べきれないぶんは土や木の葉をかけて保存しておこうとすることもあります。

そのせいか現代の飼い猫も好きなときに食事できる環境では、**1日9～16回、少量ずつ食べるようになる**そう。一度にたっぷり食べるのは本来の習性とは合わないのです。

?

狩りの欲求と食の欲求は別

食事には困らない飼い猫でも狩りの欲求は消えません。狩りのような動きができる遊びは必須。おもちゃで狩りの欲求を満たしてあげる必要があります。

複雑な感情はもたない

動物にも感情はあるし個性もある。現代の私たちには当たり前のようなことですが、学術的に認められるようになったのはここ数十年ほどのことです。昔は動物は機械のようなもので、Aという刺激を与えれば必ずBという反応があると考えられていました。感情や個性は人間特有のものだと考えられていたのです。

猫に多くの感情があることは見ていればわかりますね。ただ、**人間ほど複雑な感情はもちません**。人間は社会的動物なので人目を気にしますが、猫は他者にどう思われるのかなど気にしませんし、自分と他者を比べることもありません。過去の行動をくよくよ嘆いたり、未来を気に病むこともありません。**猫にあるのは「いま」だけ**。そのシンプルさに人は惹きつけられるのかもしれません。

人間の感情モデル

人間ほど複雑な感情をもつ生き物はいないでしょう。また人目を気にして感情を隠すのも人間の特徴。おそらく猫には畏怖や軽蔑、後悔などの感情はありませんし、感情を隠すこともないでしょう。

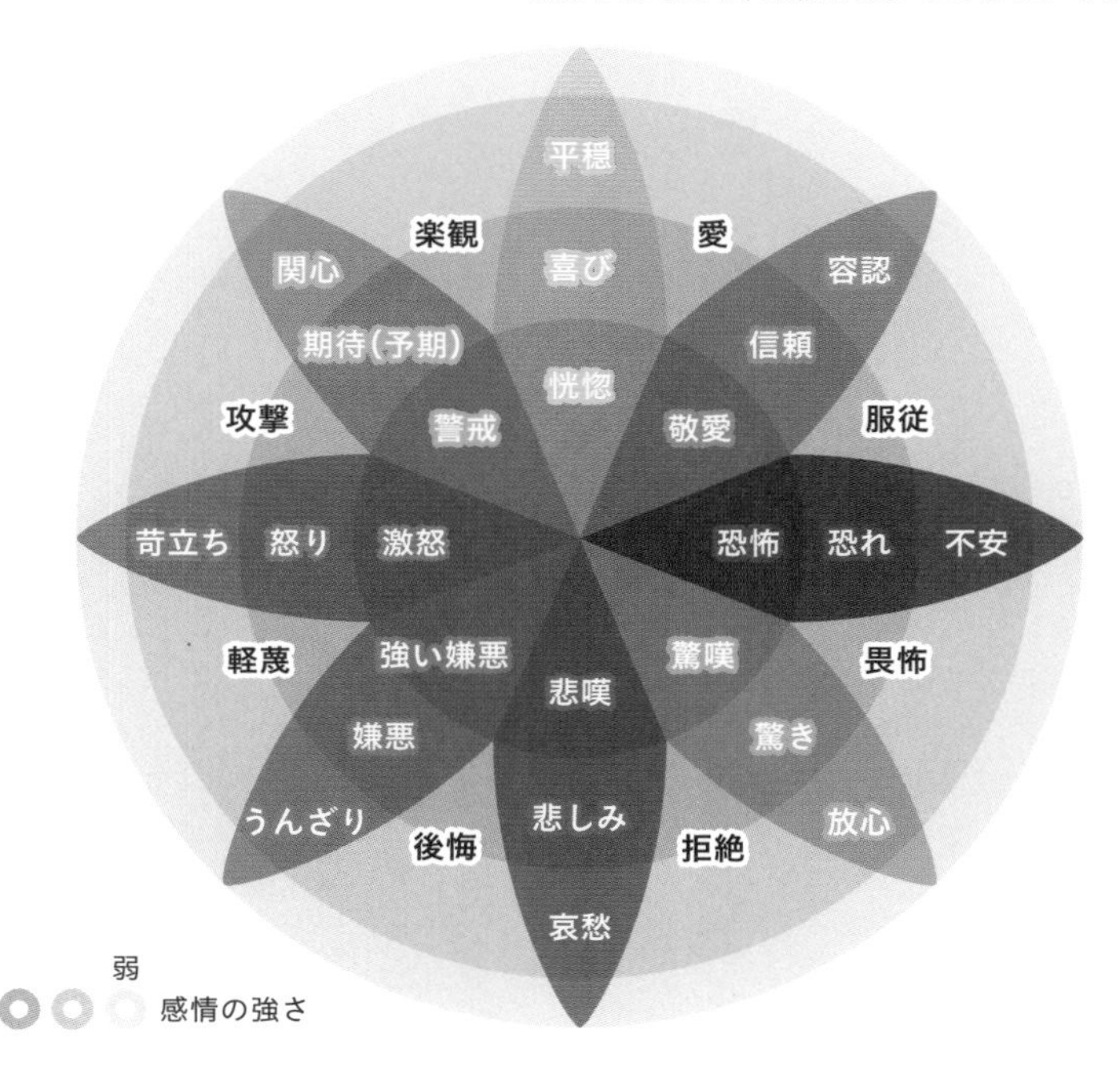

84

猫の感情は表情に出る

群れで暮らす動物は仲間と交流するためにボディランゲージや表情が発達しています。最も表情豊かなのは我々人間。顔が毛で覆われていないので表情筋や顔色の変化がよくわかります。表情を読み合ってコミュニケーションすることで、社会生活を円滑に行っています。

単独生活者の猫がボディランゲージを使うシーンは、第一にほかの猫と争うとき。自分のなわばりから相手を追い出したり、発情中のメスを争ってオスどうしが戦うときに使います。**攻撃する気があるのかないのかを表情や姿勢で表す**のです。実際の戦いに発展する前に、体格のちがいや威嚇のしかたで勝敗が決まることも多々。そのほうが双方傷つかずに済むというメリットがあります。

また、発情期にはオスはメスに好意をアピール。「敵意はありませんよ。仲良くしましょう」とサインを出してメスがその気になるのを待ちます。

去勢されていない
オス猫の顔は大きい

男性ホルモンは顔の骨格を大きくし、頬の皮を厚くします。オスは「面の皮が厚い」のです。オスどうしがケンカする際、顔の大きさは力の強さを示す目安となります。

耳折れスコは猫どうしのコミュニケーションが下手かも

視力の悪い猫にとって、ほかの猫の表情で一番読み取りやすいのは耳。スコティッシュフォールドは耳が寝ている状態なので、左ページでいえば右下の表情に見えます。これは強い恐怖心や攻撃心があるときの表情。ふつうにしていてもほかの猫から「コイツ怒っているのか？」と思われる恐れがあります。

攻撃心

平常心

攻撃する気持ちが強くなると耳が横を向きます。

攻撃的な気持ちが高まると瞳孔が細くなります。ただし、いざ相手に跳びかかるときには興奮で瞳孔が大きく開きます。

恐怖心

恐怖を感じると耳をやや後ろ向きに引きます。通称「イカ耳」です。

恐怖が強いと耳をペタンと寝かせ、耳がないような状態になります。

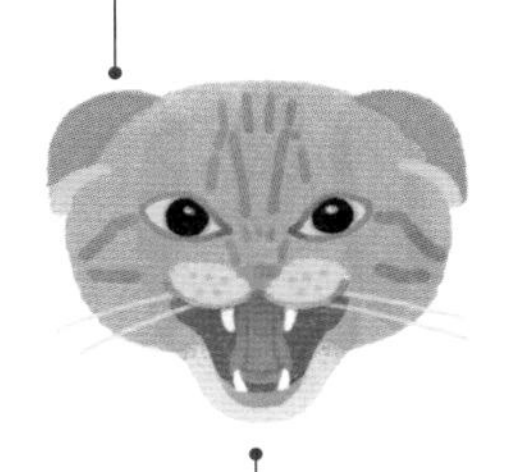

恐怖が大きくなると瞳孔が大きく開きます。興奮で瞳孔が開くのは人も同じ。

口を大きく開け牙をむき、威嚇の声を出します。

☞P.138 威嚇の声もさまざまある

まぶたや目線も猫にとっては重要なサイン

見つめるという行為は、相手が親しいかどうかで意味がまるでちがってきます。人間でも、親しい相手とのアイコンタクトは愛情のやりとりであり幸せホルモンが出ますが、親しくない相手をじっと見るのはケンカを売っているも同然ですよね。猫も信頼する飼い主さんとは目線を合わせて甘えますが、叱られると目線をそらします。これは後ろめたいからではなく、ケンカを売っている（ように見える）相手と目線を合わせないようにしているのです。

目線を合わせるときも、まぶたを大きく開いて凝視するのではなく、まぶたを細めたりゆっくりとまばたきすることで「敵意はないですよ」というサインを送ります。**飼い主が猫を見つめながらゆっくりまばたきすると、猫もゆっくりとまばたきを返してくる**ことが2020年の研究でわかっています。

「敵意なし」のサイン

目をそらす

争いを回避するには相手と目を合わせないことが大切。明後日の方向を見つつも目の端で相手の動向を確認しています。

まぶたを半閉じ

まぶたを大きく開いて見つめるのは警戒のサイン。まぶたを半分くらい閉じたり、ゆっくりとまばたきしながら見つめると「敵意なし」のサインになります。

苦痛のある猫は独特の表情をする

猫は不調を隠そうとする習性があります。野生では弱みを見せないことが必要だからですが、飼い猫の不調を早期発見できないのは困ったものです。

２０１９年に発表されたデータは猫の不調を見抜くヒントになるかもしれません。手術後で痛みを感じている猫の表情と、鎮痛剤を投与したあとの表情を比較・解析し、得られた内容が上記。将来的にはカメラで猫の表情の微妙な変化を読みとり、痛みの発見につなげるＡＩ開発の構想もあるのだそう。

キャットウィスパラー

カナダの大学が6,300人以上を調べたところ、猫の表情から気持ちを読みとるのに長けている人が13%ほどいたそう。これらの人はキャットウィスパラー(猫の心がわかる人)と呼ばれます。

大

87

猫の感情は姿勢に出る

恐怖心がない強気の威嚇。四肢を伸ばし、腰がやや高くなります。耳は横を向きます。

猫は全身で気持ちを表します。猫は視力がよくないので（P.82）、**猫どうしでわかりやすく伝えるには体のシルエットが大事**。威嚇のときは足を伸ばして体を大きく見せますし、うずくまって小さく見せるのは「私は弱い存在だから攻撃しないで」というサインになります。

恐怖心と攻撃心がないまぜになることもあります。右下の姿勢がそれ。威嚇しているけれどもじつは弱気なので、耳は寝ていてしっぽが太くなるという複雑な姿勢になります。

内心は恐怖でいっぱいの弱気の威嚇。背中を弓なりにし、自分を目一杯大きく見せます。相手に体を斜めに向け、足を硬直させたままおかしなステップをくり返すことも。通称「やんのかステップ」です。

強気の威嚇と弱気の威嚇

威嚇には恐怖がなく強気の姿勢（右上）と、内心は怖がっている弱気の威嚇（右下）があります。弱気の威嚇は怖いけれども精一杯のハッタリで「あっち行け！」といっています。強気の威嚇では体を相手に向かってまっすぐに向けますが、弱気の威嚇では相手に向かって体を斜めにし、なるべく大きく見せます。

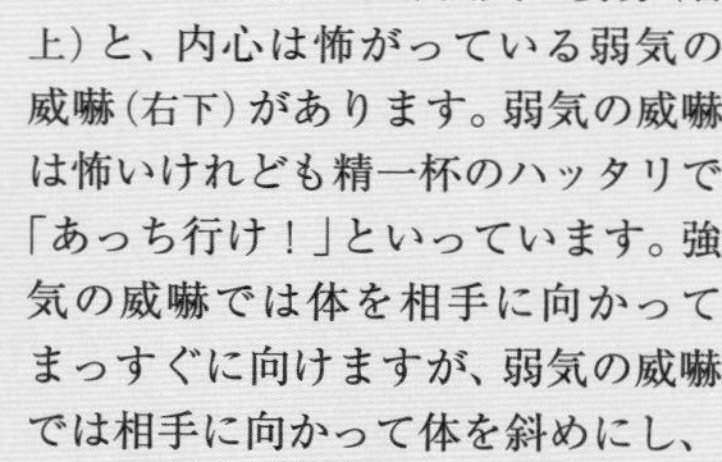

小 攻撃心

小 恐怖心 大

勝てそうにない相手には体を伏せて縮こまります。自分を小さく見せるのは「戦う気はありません」「私は弱いから攻撃しないで」というサインです。

興奮すると毛が逆立つ

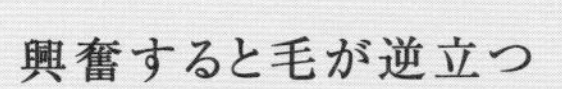

人間も驚いたときに鳥肌が立つことがありますが、猫の毛がぶわっと立つのも同じこと。ふだんは寝ている毛が恐怖で自然に立ち上がり、しっぽなどは2倍にも見えます。毛が立つと体が大きく見え、結果的に威嚇に役立つという利点があります。

88 猫の感情は寝姿にも出る

人間が危険な場所で睡眠をとるとしたらどんな姿勢になるでしょう。たぶん、部屋の隅に行き座った姿勢で壁にもたれかかり、何かあればすぐに起き上がれる姿勢で眠るのではないでしょうか。

猫にも同じことがいえます。**警戒しているときは頭を高い位置にして、目を開けばまわりが見渡しやすい姿勢になります。**足裏が地面についていないとすぐに立ち上がることができないので、足を投げ出さず下につけた姿勢でいることも特徴。部屋の真ん中で足を広げて仰向けで寝る、なんていうポーズは安心しきっている状態です。

体の横に足を投げ出して寝ているのはだいぶ安心している寝姿。これよりやや警戒すると、頭を何かの上に乗せたりします。

前足の裏が地面についているので、右下の寝姿よりは警戒心あり。毛が少ないおなかを冷たい床につけて涼んでいる可能性もあります。

安心

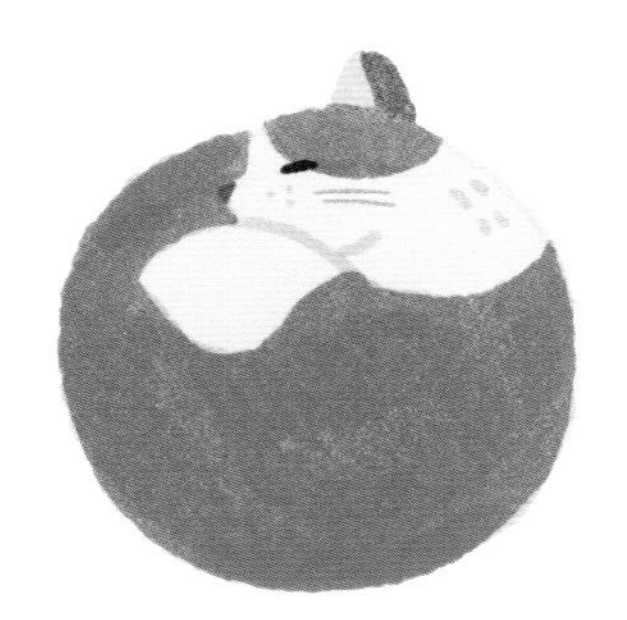

急所であるおなかを守っているのでやや警戒中。もしくは寒いときの寝姿です。

警戒心ゼロの寝姿がこれ。急所であるおなかをさらけ出し大の字で寝るのは、すっかり安心していて気温が高いときです。

ライオンやトラは苦手な香箱座り

香箱座りをしている猫を下から見ると、前足が足首で曲がり腕にピタリとつき、体の下にうまく収納されています。これはライオンやトラには苦手な姿勢のようで、前足がきちんと収納されていない状態になることが多いよう。うさぎやヤギは香箱座りができます。

強く警戒しているときは体を起こしたまま目をつぶっていることも。こっくりこっくり船を漕いでいることもあります。

前足を体の下にたくし込んだ香箱座りは、前足の裏が地面に接しておらずリラックスした状況。ただ、頭を上げたままなのは警戒心の表れです。

警戒

前足の裏を地面につけたスフィンクス座りは、香箱座りより警戒度が高め。

●気温でも変わる

寝姿は気温にも影響を受けます。体を丸めていたり、香箱座りをしているのは寒いとき。体を伸ばしているときは暑くて放熱しているときです。

●寝場所から読みとる

安心できないときでも、暑いときは放熱のため体を伸ばしたいもの。そういうときは目につきにくい木の上など高いところに移動し、体を伸ばして眠ります。

89 猫の感情はしっぽにモロに出る

猫のしっぽは背骨の中枢神経とつながっており、感情や興奮がモロに表れます。顔ではポーカーフェイスを装っていても**しっぽは感情を隠せません。**気持ちが動いているときはしっぽも動くというように連動しています。

しっぽの変化は遠くからも目につきやすく、猫間の重要なボディランゲージとなります。猫の絵（原寸大のシルエット）を本物の猫に見せると、**友好的なしっぽのシルエットにはよく近づく**という実験結果も。そういう意味では、しっぽの短い猫は猫間のやりとりが少し下手なのかもしれません。

上にピンと立てる

子猫は母猫におしりをなめてもらうことで排泄します。そのとき、なめてもらいやすいようしっぽを上に立てます。その後も母猫に近づくときはしっぽを立てて近づき、このしっぽが親愛の印として定着します。

先端が興奮で震えることも

再会できてとても嬉しいなど興奮の度合いが強いときは、しっぽの先がビリビリと電気が走ったように震えます。マーキングのスプレーをするときも似た動きを見せますが、やはり興奮しているのかもしれません。

逆U字を描く

Uの字を逆さまにしたようなしっぽのときは威嚇のサイン。遊びのなかでもよく見られ、このしっぽをしたら「追いかけっこして遊ぼう！」というサインになります。

大きくブンブン振る

気持ちが激しく動いている証拠。ポジティブではなくネガティブな感情でイライラしています。座った姿勢だと床にしっぽがあたってバンと音をたてるほど。猫にさわっているならすぐにさわるのをやめるべきです。

ユ〜ラユ〜ラと振る

気持ちの動きは激しくなく、「どうしようかな〜」と思案しています。しっぽの動きが止まったときは気持ちのモードも変わったとき。つぎの行動に移るかもしれません。

しっぽをふくらませる

驚いたり怖がったりして立毛筋が収縮し毛が立った状態。毛がよく立つのは背骨に沿ったラインで、自分のシルエットを実際より大きく見せて相手を威嚇するのに役立ちます。

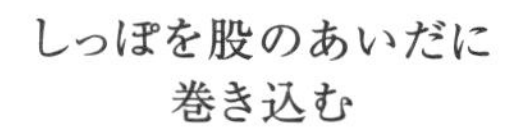

しっぽを股のあいだに巻き込む

とても勝てない相手に出会ったり、はじめての場所に連れて行かれたりしたときは、しっぽを股のあいだに巻き込みます。自分を守り、相手に小さく見せて攻撃されるのを回避。ストレスで毛がたくさん抜けることもあります。

気分のモードがいくつもあって瞬時に切り替わる

あるときはベタベタに甘えるのにあるときはガン無視。猫が気まぐれに見えるのは気分のモードが複数あるからです。本来の野生を取り戻したモードと、その逆のペットとして油断しきったモード。子猫のように甘えるモードと、他者の世話をしたくなる親猫モード。複数のモードが空腹度合いやまわりの状況によってコロコロ変わるので、猫の心理は一筋縄ではいかないのです。

天気にも影響を受けます。野生では雨が降ると狩りに出かけず巣穴で寝て過ごしました。その習性が現代の猫にも残っていて、雨の日はよく眠るといわれています。室内飼いでも雨の音を聞いて「今日は巣にこもろう」と思うのかもしれませんね。

子猫モード

しっぽを立ててスリスリ体をこすりつけたり、食事をねだるのは母猫に甘えるしぐさ。

警戒心ゼロでおなかを見せて寝ているのはペットならでは。

ペットモード

野生モード

トイレのあとに猛ダッシュするのは野生の名残りといわれています。排泄中は無防備になり危険な状態。緊張から解放されてハイになるという説があります。

飼い主さんに獲った獲物を見せに来るのは、子猫に狩りを教える親猫の気持ち。

親猫モード

91

猫の鳴き声はいくつもある

鳴き声は基本的に他者に対するコミュニケーション方法です。子猫が母猫に甘える声、交尾相手を誘う声、なわばりに入ってくる者を追い出す声などたくさんありますが、多くは**親愛を示し接近をうながす声と、威嚇を示し相手を遠ざける声**とに分けられます。ほかにChatter（P.137）など独り言のような鳴き声も一部あります。

飼い猫は肉食動物のなかで鳴き声のレパートリーが最も多く、ある報告では**21種類もの鳴き声がある**といわれます。それぞれの鳴き声を単独で使うこともありますし、「ゴロゴロとのどを鳴らしながらニャーと鳴く」など組み合わせて使うことによって意味を強めたり、相手の関心を高めたりすることもあります。

親しい相手を呼ぶ声

Meow	→	P.132
Purr	→	P.134
Murmur	→	P.136

手に入らないものを望む声

Chatter	→	P.137

嫌いな相手を遠ざける声

Hiss	→	P.138
Spit	→	P.138
Howl / Yowl	→	P.139
Growl	→	P.139
Snarl	→	P.139

発情期の声

発情期には長く続く大きな声で自分をアピールし、交尾相手となる異性を探します。オスの鳴き声は大きいほど生殖能力の高さを示し、同性に対しては威嚇になります。日本では2月頃に野良猫がこの声でよく鳴いています。

野生の成猫は「ニャー」と鳴かない

猫の鳴き声といえばニャー（英語ではMeow）ですが、これは野生では子猫が母猫に甘えるときに使う声。成長したらニャーと鳴くことはありません。

飼い猫や野良猫の成猫がニャーと鳴くのは、**人に甘えるにはボディランゲージより鳴いてアピールしたほうが効果的と気づいた**から。飼育下の猫は飼い主を母親に見立て子猫の気分でいるということも関係します。多頭飼いの人は猫たちを観察してみてください。成猫はほかの猫にニャーと鳴きません。これは**対人用の甘え声**なのです。

野生のリビアヤマネコとイエネコの鳴き声を比較した研究では、**イエネコはヤマネコより声が高く、人がよりかわいいと感じる鳴き声**だということがわかりました。ヤマネコからイエネコに進化するにあたって鳴き声もかわいく進化したのですね。

Meow

ミャオ/ニャー

口	開けてから じょじょに閉じる
時	0.42秒〜
音程	221 〜 1,200 kHz
意味	本来は子猫が母猫に甘えるときの声。飼い猫や人から食事を得ている野良猫では、人に対して食事などを要求したり、不満を表すときに使われる

Squeakはきしむような声という意味で、鼻から抜けるようなハイトーンボイスで「エ！」と発せられます。遊びや食事の要求、期待の意味があるといわれます。名前を呼ぶとこの声で返事する猫も。

Moan

ナオ〜ウ

長くゆっくりと続く、「オ」や「ウ」の母音を含む声。Moanはうめき声という意味です。不満や不安、悲しみを訴える声で、「キャリーから出して」などの場合に使われます。

ポジティブなときとネガティブなときで声の高さや長さが変わる

スウェーデンの研究で、40匹の猫から集めた鳴き声780個を録音・分析したところ、遊びや食べ物の要求などポジティブなときのニャーは短く高く音程が上がっていき、キャリーバッグに入れられたときなどネガティブなときのニャーは長く低く音程が下がっていくことがわかりました。人間でも高い声の「はい！」と、低い声の「は〜い」はニュアンスがちがって聴こえますよね。猫語がわからなくてもニャーからなんとなく気持ちが伝わってくるのは、こうした共通点があるからかもしれません。

93

のどをゴロゴロ鳴らすのはうれしいときだけじゃない

母猫のお乳を飲んでいるあいだ、子猫はゴロゴロとのどを鳴らしています。これは**「ミルクを飲めてうれしい、満足」のサイン**。ゴロゴロの音は母猫に育児の継続をうながす効果もあるといわれます。

成長して歩けるようになった子猫は子猫どうしでじゃれあって遊びますが、お乳を飲みたくなったらゴロゴロいいながら母猫に近づきます。ゴロゴロは母猫への挨拶であり、「お乳がほしい」という要求の意味もあるのでしょう。この応用で飼い猫は飼い主に対して**「食事がほしい」「かまって」などの要求にもゴロゴロを使います。**

病気やケガで苦痛を感じている猫ものどを鳴らします。これは**母猫のように自分を守ってくれる存在（庇護）を求めているという説や、ゴロゴロの振動がケガや病気を治癒する**という説があります。実際にゴロゴロと似た低周波が人間のケガの治療に使われることがあるのです。野生の猫は具合が悪くなると回復するまでじっと待つしかなく、孤独な単独生活者には必要な治癒機能なのかもしれません。

ちなみに死の直前でもゴロゴロとのどを鳴らす猫がいます。これは脳内麻薬の分泌で幸福感に包まれているためといわれます。

ゴロゴロ音が鳴るしくみ

のどを鳴らすしくみはまだ完全には解明されていませんが、声帯の上にある細長い隆起（仮声帯）が震え、その音が咽頭室で反響するという説が有力。声を出すのに使うのは声帯なので、鳴き声と同時にゴロゴロを出すことができます。

Purr…

ゴロゴロゴロ

口	閉じたまま	音程	25～30Hz（無声音）
時	2秒～		

意味1 満足、親和、喜び

ミルクを飲んでうれしい、満足というのがもともとの意味。なでられて気持ちいいときなどにゴロゴロいうのは満足の意味です。また母猫のように慕っている相手にはゴロゴロいいながら近づきます。

意味2 要求

母猫にミルクをねだるように、飼い主さんに食べ物をねだるときなどに使います。その際、ゴロゴロと同時に鳴き声も出します。その鳴き声は人間の赤ちゃんの泣き声の周波数と同じだそう。それを聞くと人間は「すぐに要求を叶えてやらなくては」と感じるのだとか。

意味3 ピンチのとき庇護を求める

病気やケガで苦痛を感じている猫は、母猫に甘える子猫のように、誰かに助けてほしいという心理でのどを鳴らすのかもしれません。動物病院の診察台でゴロゴロいう猫もいますが、これはピンチを感じとり、安らぎの状態を自ら作り出そうとしているのかもしれません。

吠えるネコ科はのどを鳴らせない

ライオンやトラは大きな咆哮（ほうこう）をしますが、咆哮する種は猫のようにゴロゴロのどを鳴らせないことがわかっています。理由はのどのつくりがちがうから。チーターやオオヤマネコはのどを鳴らせますが、その代わり咆哮はできません。

のどを転がすような呼びかけ声がある

ゴロゴロ音に似ているけれども音程が高く、口を閉じたまま短く発せられる「クルルッ」という声です。そのあとにニャーが続くことも多く「クルルニャッ」というふうに聴こえます。「Greeting Chirp」（挨拶のさえずり）と呼ばれる声で、**母猫が子猫に優しく呼びかけるときに使います**。子猫のいる巣に戻ってきたときに発すると、母猫のいないあいだじっと隠れていた子猫たちが安心して出てきます。

２０１６年発表の研究では、母猫の「ニャー」と「クルルッ」、そして別のメスの「ニャー」と「クルルッ」を子猫たちに聴かせたところ、**子猫たちは母猫の「クルルッ」に最も強く反応**したそう。この結果からは子猫が母猫の声を聴き分けられること、そしてGreeting Chirpには呼びかけの意味が強いことがわかります。

Murmur
クルルッ

口	閉じたまま	音程	97～1,164Hz
時	平均0.51秒	意味	親しい相手への呼びかけ

Murmur-Meow
クルルニャッ

口	閉じたまま→開ける	音程	111～1,082Hz
時	平均0.8秒	意味	親しい相手への呼びかけ

95 捕まえたいけど捕まえられない。そんなときに出るフシギな声がある

窓の外にいる鳥を見つけたなど、「捕まえたいけど捕まえられない」状況のときに発せられる声があります。けいれんのように下あごを細かく震わせながら、スタッカートで「キャキャキャキャキャッ」と鳴く不思議な声です（無声音の場合もあり）。

なぜこんな声を出すのかは不明。**一説によると獲物に噛みつく口の動きを再現しているとか、鳥のさえずりを真似ておびき寄せている**ともいわれます。ただ鳥のさえずりにそれほど似ているとも思いませんし（聴覚のすぐれた鳥にはすぐにバレそう）、鳴き声を出せば獲物は猫の存在に気づいて警戒したり逃げたりしてしまうはずなので、この説は疑問です。

やはりこれは、「捕れない状況」であることをわかったうえでの葛藤である気がします。「やんのかステップ」（P.124）のように複雑な感情が入り混じった結果、奇妙な声が出てしまうのではないでしょうか。

Chatter

キャキャキャキャキャッ

口	下あごを細かく震わせる
時	平均0.74秒。10回以上くり返すこともある
音程	130～903Hz（無声音のこともあり）
意味	ほしいのに得られない獲物やおもちゃがあるときの葛藤

「サイレントミャオ」は超音波の鳴き声？

猫が口を開けて鳴いているようなのに声が出ていないことがあります。これは人間が聴きとれない超音波の鳴き声を出しているのかもといわれており、サイレントミャオと呼ばれます。

96 威嚇の声もさまざまある

野生では自分のなわばりによその猫が入ってきたときなどに威嚇の声を出します。**ホームテリトリー（P.108）に近いほど威嚇は激しくなります**。また育児中の母猫は神経質になっているので威嚇を始めるのが早く、かつ激しくなります。

２０２０年に発表された研究では、**猫はほかの猫の威嚇の声を聞くだけでストレスを感じる**ことが報告されています。やはり緊張した場面を想起させるのでしょう。同様に人間の怒った声でもストレス値が上がったそう。言葉の内容はわからなくても、口調や声の低さなどでネガティブなものだという

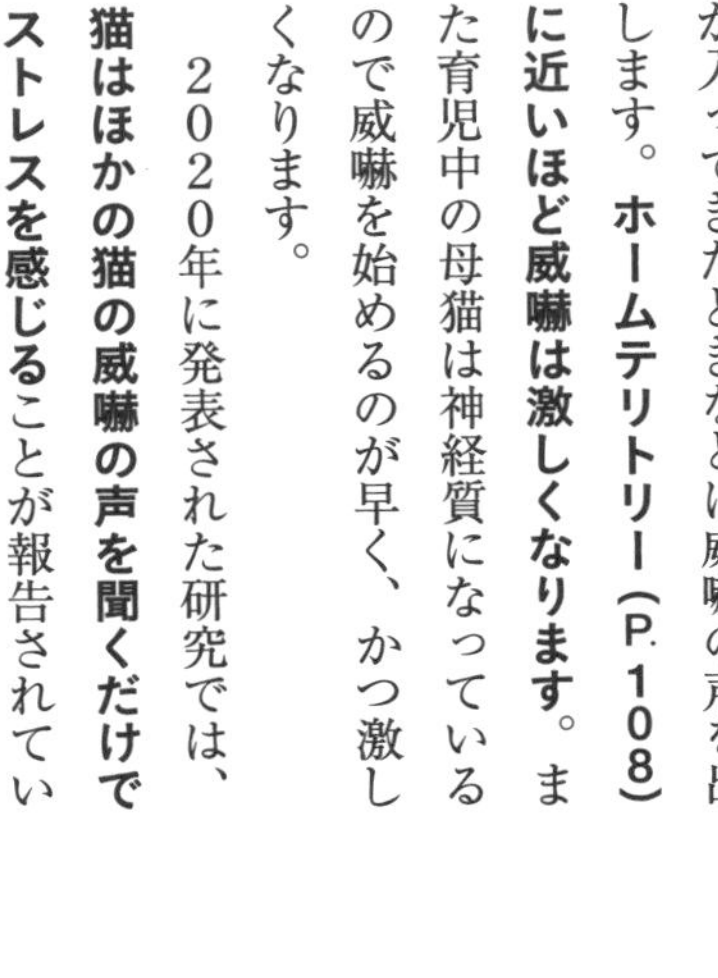

Hiss
シャー！フー！

- 口：開けて息を吐きだす
- 時：0.5秒～
- 音程：200～2,000Hz（無声音）
- 意味：敵に驚いたときに本能的に出る声。開いた口から息を吐き出し発せられる。目が開く前の子猫もこの声を発することがある

Spit!
カッ！

- 口：大きく開けて瞬発的に息を吐きだす
- 時：平均0.02秒
- 音程：不明（無声音）
- 意味：俗に「空気砲」と呼ばれる、相手に激しい警告を告げる声。Spitは「つばを吐く」という意味で、本当につばが飛んできそうな激しい威嚇のサイン

ことがわかるんですね。

　ちなみにこの実験では、**猫の威嚇の顔とリラックスした顔、人の笑顔と怒った顔（それぞれ静止画）を見分けられる**こともわかりました。人間の表情もちゃんと見分けられるんです。

Howl/Yowl
ウ〜〜、アウアウ

口	開く
時	0.8 〜 10秒
音程	56 〜 974 Hz
意味	繁殖期の争いにもよく使われる声。音程を変えながら長く続いたり、下のGrowlと組み合わされることも多い威嚇声

Growl
ヴ〜〜

口	小さく開く、 または閉じたまま
時	0.5 〜 4秒
音程	46 〜 582 Hz
意味	のどから絞り出すような低い濁音の唸り声。相手に立ち去るよう警告するときに使う。おもちゃや食事を取られたくなくて唸ることも。Hissが続くことも多い

Snarl
ギャアア！

口	大きく開ける
時	平均3.73秒
音程	56 〜 974 Hz
意味	騒々しく激しい叫び声。はじめに大きい吸気が入る。オスどうしがケンカの最中にくり返し発したり、相手に攻撃されて痛みを感じたときの叫び声

97

猫は囲われた場所が好き。それがたとえ平面でも！

猫が箱好きなのはご存じのとおり。野生時代、猫は木の洞(うろ)や岩穴などをねぐらにしていたので、現代でもすっぽり囲われた場所に安心します。**慣れない場所でもこうした隠れ場所があると猫のストレスは格段に減ります**。根拠はオランダの保護施設での実験結果。新しく保護した猫の部屋に隠れられる箱を置いた場合と置かない場合とでは、前者のほうがストレス値が早く低くなり環境に慣れやすくなったというデータがあるのです。

囲われた場所が好きという心理はたとえ平面でも発揮されるようで、床にテープなどで四角や丸を描くと猫がそこに入るという現象が知られています。SFドラマ「スタートレック」にちなみ「猫転送装置」と呼ばれている現象です。人間も床に足跡の印があると「ここに立てばいいのかな」と思いますが、それと似た心理でしょうか。

これをさらに発展させた実験が2021に発表されました。四角は描かれていないのに、錯覚で四角が浮かび上がってくる「カニッツア錯視(さくし)」（左ページ）を床に描き、その中に猫が入るかどうかというもの。結果は**見えない四角の中に入った猫が多数で、猫が視覚的補完（実際には見えないものを脳内で補完）する**ことがわかりました。

ピッタリサイズが好き

余裕があるサイズよりもちょうど自分の体が収まるくらいのサイズが好み。隙間がないほうが「ここは自分ひとりで、敵が入り込むことはできない」と実感できます。

カニッツア錯視

直角に欠けた部分がある円が並んだ図ですが、中央に四角が見えてきます。猫はこの「見えない四角」の中に好んで入ることが実験でわかりました。人は生後3～4か月でこの錯視をするようになります。

デルブーフ錯視

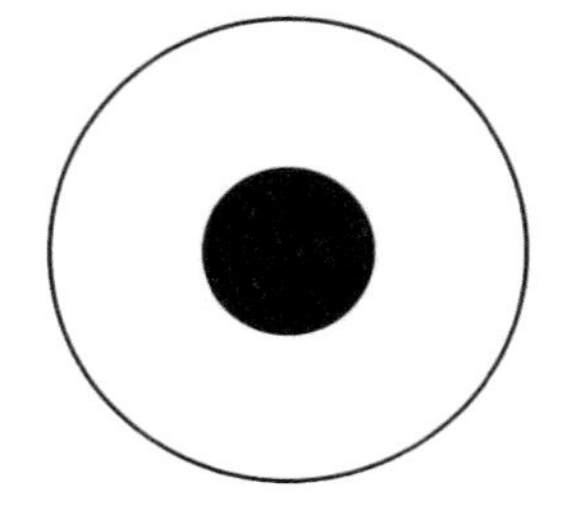

大きな白丸の中にある黒丸は、小さな白丸の中にある黒丸より小さく見えます（実際は同じ大きさ）。猫は量の大小を見分けることができますが、この錯視だとまちがえてしまいます。

蛇の目錯視

ウネウネと動いているように見える錯視。動物園のライオンにこの絵を見せたところ、噛みついたり引きずりまわしたりしたそう。猫も捕まえるような反応を見せます。

たとえ平面でも囲われたところが好き

テープで描いた四角や、カニッツア錯視の図から浮かび上がる四角の中に多くの猫が入ります。

98 猫は夜行性ではなく薄明薄暮性

猫の故郷は砂漠（P.15）。**砂漠の昼間は暑く、また夜は氷点下まで下がるほど寒く、いずれも活発に動くには辛い環境**です。ですからその境目の夕暮れや朝焼けの時間帯に動くのが効率的。これを薄明薄暮（はくめいはくぼ）性といい、1日に活動のピークが2回あります。その他の時間はずっと寝ているわけではなくちょこちょこと寝たり起きたりをくり返しています。

本来は薄明薄暮性ですが、習性を柔軟に変えられる適応力の高さが猫にはあります。飼い主に合わせてほぼ昼行性になっている猫もいます。

猫が最も活発なのは昼と夜の境目

早朝に飼い主を起こす猫がいるのは本来活発な時間帯だから。現代の飼い猫も人間不在の環境ではやはり早朝と夕方に活発になるという実験結果があります。

時計を見ずとも3秒差を感じとる

時間の感覚がどれだけ正確かを競うゲームに10秒チャレンジというのがあります。時計を見ずにストップウォッチを止め、10秒に近い人が勝ちというゲームです。これに似たことが猫もできることがわかりました。

デンマークのチームがこんな実験をしました。猫を5秒拘束して放したときは右側の給餌器からおやつが出て、20秒拘束したときは左側の給餌器からおやつが出る、と覚えさせます。猫を放したとき右に行けば「いまの拘束時間は5秒」、左に行けば「いまは20秒」と猫が判断したとわかります。

5秒と20秒のちがいは猫にもわかりやすいのではと思うかもしれません。おもしろいのはここからです。長いほうの秒数を18秒、16秒、14秒とじょじょに短くしていき、短いほうの5秒と区別できるか調べたのです。その結果、**最高で5秒と8秒を区別できた猫がいました。**猫の時間感覚はなかなかすぐれているようです。

猫の1秒は人の1秒より長い

実際の1秒はもちろんどの種も同じなのですが、「時間の感覚」は種によって変わるという説があります。基本的に動物は小さく代謝速度が速いほど時間の感覚が長くなります。ハエを叩き落すことが難しいのは、ハエは人間より視覚の情報処理能力が圧倒的に速く、人間の動きがスローモーションに見えているからです。
代謝のひとつの目安は心拍周期。人はおよそ1秒に1回、猫は0.3秒に1回、心臓がドクンと打ちます。単純計算すると猫の時間感覚は人間の3.3倍ほど長いことになります。

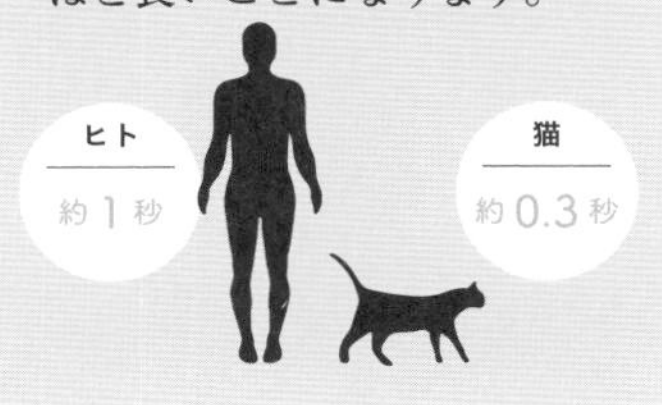

日照時間と気温で季節の変化を感じとる

およそ24時間周期で体温などの自律神経や代謝が変化することを「概日(がいにち)リズム」といいます。体内時計のひとつで、脳の視交叉上核(しこうさじょうかく)というところが司っています。

「概年リズム」というものもあります。**1年でくり返される季節の変化に合わせて、発情が起きたり換毛期が来たりするのが概年リズム**。猫はおもに日照時間の変化と気温で季節の変化を感じとっています。

ポインテッドの毛柄は冬に色が濃くなる

ポイントカラー(P.54)の毛は温度が低いと濃くなる性質があります。そのため同じ猫でも冬は毛色が濃くなります。冬毛と夏毛では毛の長さも変わり、まるで別の猫のような見た目になることも。

Winter

被毛の生成量

冬は毛の成長が遅くなり、新しい毛が古い毛を押し出して抜けることが少なくなります。逆に春～初秋は新しい毛をどんどん作って抜け毛を増やします。グラフは北半球の場合で南半球は逆になります。

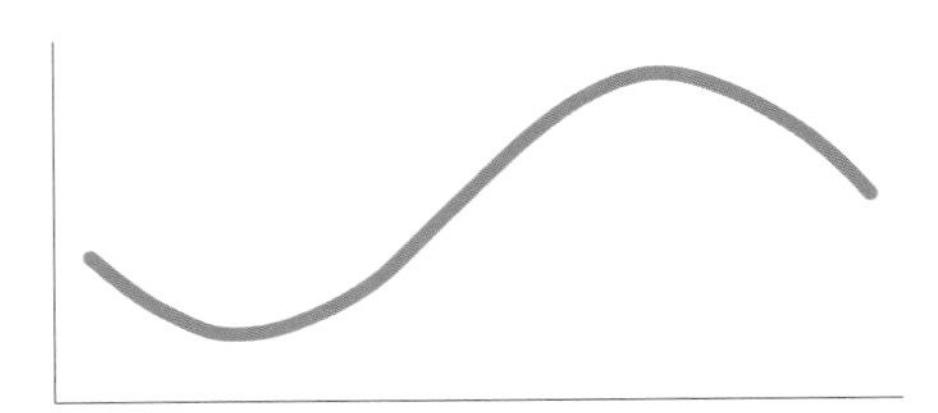

緯度が高いと発情期が短くなる

野生の猫は春に出産します。春の到来を感じとるヒントは日照時間。猫は**1日の日照時間が延びて12時間くらいになると1か月半後に発情が起きます。**赤道直下は1年を通して日照時間が長く、猫は年がら年中発情する可能性があります。緯度が高くなるにつれ日照時間が短くなり発情期も短縮されます。

栄養状態も関係します。野生猫の発情期は年1回ですが、栄養豊富な飼い猫や野良猫は年に何度も発情します。

日本で暮らす猫の発情期

「猫の恋」という季語が初春を表すように、最大の発情期は2～3月。猫の妊娠期間は約2か月なので、4～5月の暖かい季節に子猫が生まれます。頭で考えているわけではないのに、ちょうどよい時期に出産できるよう、逆算した時期に発情が起きるのはよくできたしくみです。メスの栄養状態がよければ夏にも発情し、秋に子猫が生まれます。

1月　2月　3月　4月　5月　6月　7月　8月　9月　10月　11月　12月

発情期　休止期　発情期　休止期

新月の夜は活発になる?

満月の明るい夜は狩りがしにくく、逆に新月や雲がかかって暗い夜は狩りがしやすいという説があります。夜目が効く猫にとっては、暗いほうが獲物に気づかれにくく狩りがしやすいのでしょう。**ライオンも新月の前後は狩りがしやすく満腹で、満月の前後数日間は最も空腹**というデータがあります。満月に近い数日間は夜間の狩りだけでは満たされないため、昼間も狩りをすることが多くなるそうです。

103

人工の光で体内時計が狂う

猫は日照時間や気温から春の到来を感じとると発情が起こります。太陽の光だけでなく人工の光も感じとるので、ブリーダーのなかには照明をコントロールして発情を起こす人もいます。数週間、日照時間を9時間に制限し、その後照明で明るい時間を延ばすと**猫の体内時計は春が来たと勘違いし、本来の季節でなくても発情が起こります**(このような繁殖のしかたは猫の体に負担をかけるので望ましくありません)。

現代の飼い猫は栄養状態がよいので

104

太陽の光で体内時計を整える

概日リズムはぴったり24時間ではありません。人間や猫の場合は25時間くらいといわれ、**完全な暗闇の中にいると体温やホルモンが25時間くらいの周期性を見せます。**これをフリーランリズムといいます。ではどうやって24時間に合わせるかというと、太陽の光を浴びることで調整します。**朝日を浴びることが大切なのは体内時計を24時間に同期させるため**です。

哺乳類は目にしか光受容体がないため、例えば病気などで眼球を摘出してしまうと24時間に同期できなくなります。ただし、失明していても同期できる人もいます。視覚に関わる細胞と光受容体は異なるためです。

多発情になるといわれますが、もしかすると夜遅くまで照明にあたっていることも原因かもしれません。人間も夜遅くまで起きていたりスマホやパソコンのブルーライトに長時間さらされていると体内時計が乱れるといいます。猫のためにも、飼い主自身が太陽に合わせた生活を送ることが大切なのかもしれませんね。

?

北極のトナカイには概日リズムがない

北極にすむトナカイには概日リズムが見られないそうです。北極は1日中太陽が沈まない白夜と、1日中太陽が昇らない極夜の期間があり、概日リズムがあると暮らしづらいことから体内時計を切ってしまったといわれています。人間も北極や南極に行くと体内時計が激しく狂います。

105 迷い猫の奇跡的な帰還は太陽コンパスの力？

見知らぬ土地で迷子になった猫が長距離を歩いて自宅まで帰ってきたという話があります。近所で愛猫と似た猫を見つけて「帰ってきた」と勘違いしたのではと否定する意見もありますが、たしかに同じ猫だと確認された例もあるのです。２０１３年、アメリカで家族旅行中にはぐれてしまったホリーという猫は**８週間かけて３２０km離れた自宅まで戻ってきました**。ホリーには個体識別用のマイクロチップが入っていました。

奇跡的な帰還は太陽コンパスで説明できます。自宅での時刻と太陽の位置

との関係を覚えていて、記憶している太陽の位置と現在見ている太陽の位置のズレから、もとの家の方向を割り出すというものです。例えば現在は真上に太陽が見えるけれども、「この時刻だと自宅から東に10度傾いた位置に太陽はあった」という記憶と照らし合わせ、東に10度傾いた位置に太陽が来る場所を目指すといった具合。体内時計がしっかりしているからこそ使える能力です。

ただ、この**帰巣本能が働かない猫もいることは明らか**。世の中には自宅に帰れない迷い猫がたくさんいます。猫の脱走や迷子にはくれぐれもご注意ください。

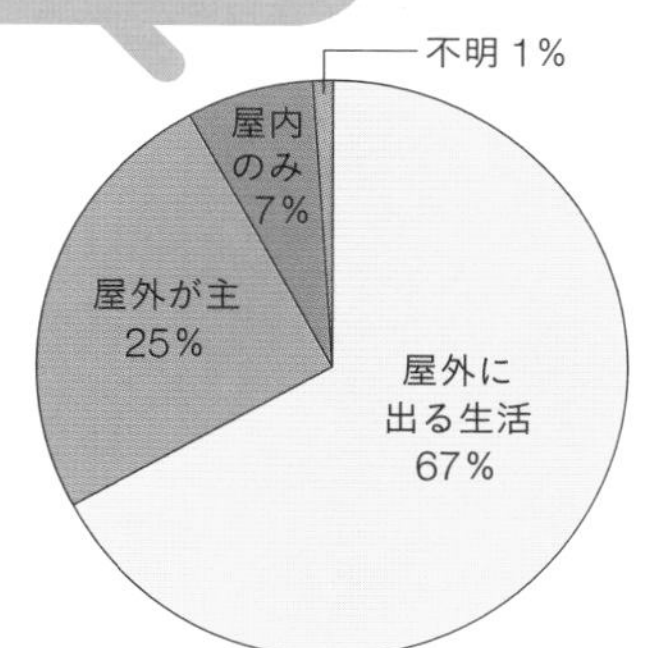

ある統計によると、自力で帰宅できた迷い猫の多くはふだんから屋外に行ける生活をしていたそう。室内飼いの猫は迷子になると帰ってこられない確率が高いといえます。

ある実験では、出口が24個ある迷路に飼い猫を入れると、その迷路が猫の自宅から5㎞以内にある場合、60%の猫が自宅がある方角の出口を選んだそう。

まるで説明のつかない、新たな場所へたどりつく猫たち

自宅に帰る例は太陽コンパス説や方位磁石説（磁場を感知する感覚がある）などで説明できますが、一度も行ったことのない場所にいる飼い主を探しあてた例もあるよう。1987年、フランスで82歳のモンドリー氏が入院したとき、飼い猫のミゼルは森や高速道路を通り抜け、入院中のモンドリー氏のベッドまでたどりついて膝の上でのどを鳴らしたそう。なぜ飼い主の居場所がわかったのか、さっぱり見当がつきません。

106

最長寿記録は38歳

2023年現在、最も長生きした猫はアメリカにいたクリームパフちゃん。メスの三毛猫で**記録は38歳と3日**。これは人間でいえば168歳にあたります。存命中の猫で最長寿はイギリスのフロッシーちゃん。27歳、メスのサビ猫です。

107

猫も人もメスのほうが長生き

猫の長寿記録はメスが多く、上で紹介した長寿猫2匹もメス猫です。人間の平均寿命も女性のほうが長いですよね。2020年発表の研究では、**野生の哺乳類101種のうち60%はメスのほうが長生き**だそう。メスはオスより平均18.6%寿命が長いそうです。

遺伝的にオスは短命にならざるを得ないという説があります。男性ホルモンのテストステロンは筋肉の増大や攻撃性を高めますが、同時に**免疫機能を抑制するデメリットもある**のです。自

8歳	7歳	6歳	5歳	4歳	3歳	2歳	1歳	6か月	1か月	猫
48歳	44歳	40歳	36歳	32歳	28歳	24歳	15歳	10歳	1歳	人

※参考資料：AAHA（全米動物病院協会）& AAFP（全米猫医学会）「猫のライフステージガイドライン」

108 犬より猫が長生きなのは大きくならなかったから？

2022年、日本の室内飼い猫の平均寿命は16・02歳。いっぽう犬の平均寿命は14・76歳で、**猫のほうが長生き**です。

これには**大型犬の寿命の短さが関係**しています。大型犬は小型犬や中型犬に比べて短命で、それが犬全体の寿命に影響しています。大型犬がなぜ短命なのかは明らかにされていませんが、野生種より体は大きくなったものの心臓などの臓器はそれほど大きくならず、臓器への負担が大きいという説、大きな体を維持するため細胞分裂が多く、そのぶん癌細胞の発生率も高まるという説などがあります。

猫も大型の猫種はいますが体格差は犬ほどなく、そもそも純血種の飼育数が少ないので影響が小さいのでしょう。

分の命を削ってでも強くたくましくなってメスを勝ち取り、子孫を多く残すのがオスの生き方ということでしょうか。

去勢すると寿命が長くなりますが、それはテストステロンの分泌が減ることが大きな理由です。

XXのメスはXYのオスより遺伝病が少ない

性染色体Xに異常な遺伝子があった場合、メスはもうひとつのXの遺伝子が正常ならそちらが働くので遺伝病は発症しません。しかしオスはXがひとつしかないので補うことができず発症してしまいます。こうしたこともオスの短命につながっている可能性があります。

20歳	19歳	18歳	17歳	16歳	15歳	14歳	13歳	12歳	11歳	10歳	9歳
96歳	92歳	88歳	84歳	80歳	76歳	72歳	68歳	64歳	60歳	56歳	52歳

109

田舎では一夫多妻制、都市部では乱婚制

野生の猫は、一夫多妻制です。P.109にあるように、だいたい3匹くらいのメスを1匹のオスがなわばりごと独占します。猫の数が少なく野生に近い生活をしている**田舎の野良猫は一夫多妻制**だといいます。

しかし都市部では人が食糧を与えたり食べ残しを漁ったりして野良猫の数が一気に増えます。食糧を得るためのなわばりを死守する必要はなくなり、オスもメスも複数いる状態になります。すると**都市部では一夫多妻制ではなく乱婚制**になります。発情期にはメスを複数のオスが取り囲む光景も見られます。もちろんオスは自分がはじめに交尾したいので威嚇しあったりケンカをすることも。メスはオスが争う状況をわざと作ることでふるいにかけているともいわれます。

乱婚制の場合、体の大きなオスは発情メスに最も近い位置に陣取る

発情メスからの距離はオスの上下関係を反映しているよう。そのエリアで最も体が大きく強いオスが発情メスの一番近くに陣取り、ほかのオスが近づこうとすると威嚇して追い払います。

茶トラは一夫多妻制での繁殖成功率が高い

都市部よりも田舎のほうが茶トラ率が高いことがわかっています。これは茶トラは一夫多妻制における繁殖成功率が高いことを表します。**茶トラの毛色を作る遺伝子は積極性や攻撃性と関係があり（P.64）、なわばりを確保するのに有利**なのではないかといわれています。

　ではなぜ都市部では有利に働かないのか。これにはおもしろい説があります。猫が密集している都市部では、オスはほかのオスがいる状況をある程度許容する必要があります。発情メスのまわりを複数のオスが取り囲むなどもそのひとつ。ですが茶トラのオスはほかのオスがいる状況が許せず、**排除しようとやっきになっているあいだにほかのオスが交尾に成功している**のではないかといわれているのです。おマヌケですね。

　茶トラはその積極性から物怖じしない甘えん坊になる確率も高く、去勢すれば攻撃性も薄れます。わが家にも茶トラのオスがいますが物怖じのなさとどこかおマヌケなところ、とっても納得です。

体重の比較

一夫多妻制ではメスよりオスが大きくなる「性的二形」が強くなります。491匹のデータを収集したところ、茶トラ以外のオスの体重はメスより16％重いのですが、茶トラのオスは32％も重く、性的二形が強く出ていることがわかりました。

111

猫の交尾は8・2秒

　オスがペニスを挿入して**射精に至るまでの時間は平均8・2秒**。交尾時間の短さは野生の猫が一夫多妻制であることに由来します。メスは交尾の刺激で排卵するので、妊娠の確率はほぼ100％。一度交尾できたらオスはつぎのメスを探しに出かけたほうが子孫を多く残せます。交尾時間を長くしてもメリットはないのです。
　飼育下ではほかに相手がいないので同じペアが何度も交尾をすることも。**20分に8回交尾した例も**あります。

交尾が終わると
メスは痛みで怒って
オスにパンチしたりする

交尾中、オスはメスが動けないよう首の後ろの皮膚を噛んでいます。交尾が終わった瞬間にオスはぱっと離れますが、経験値の低いオスはメスの一撃を食らってしまうこともあります。

112

メスは交尾の痛みで排卵する

　人間や犬は決まった周期で排卵する「自然排卵」ですが、猫は交尾の刺激で排卵する「交尾排卵」。単独生活者である猫は異性に出会えない可能性もあり、自然排卵では無駄なコストを費やすことになります。**交尾排卵は無駄なコストをなくし効率よく妊娠するための方法**です。
　オスのペニスには多くの棘状突起が「返し」の状態で生えており、ペニスを引き抜くときにメスに大きな痛みを

113

その気がないメスと交尾することはできない

その気がないメスをオスが無理やり強姦することはできません。なぜなら、**交尾をするにはメスが背を反らして生殖器をやや上に向け、自分のしっぽが邪魔にならないよう脇にどかすという協力が不可欠**だから。オスがメスにマウンティングしてもメスにその気がなければ交尾は不可能で、平和的ともいえます。

ペニスを引き抜いて離れるやいなや、メスは叫びながら振り向きざまにオスを攻撃。オスもそれをわかっていて、さっとメスから離れ防御の姿勢をとります。「痛いがな！」「そういわれても～」という感じでしょうか。

メスは交尾から約27時間後に排卵し、高確率で妊娠します。

オスの同性愛？

メスのまわりに集まったオスが近くにいたオスにマウンティングすることがあります。これはメスと勘違いしたわけではなく、メスと交尾したいのにできない欲求不満のはけ口として、小柄な若いオスにマウンティングをするようです。

114

父親のちがう子どもを同時に産むことができる

猫は一度に複数の卵子を排出します。発情期に複数のオスと交尾すれば、それぞれの精子を受精し**異父きょうだいを同時に出産する**というビックリなこともできます。

ある調査によると、複数の父親からなるきょうだいを産んだ割合は、田舎の野良猫で0～22％、都市部で70～80％、野生では0％だったそう。都市の野良猫は乱婚制なので（P.152）、複数のオスと交尾する率が高いのです。なかには**きょうだいの父親が5匹いる例もありました**。同時に生まれたきょうだいでも毛柄や性格がバラバラなのは、猫の遺伝の複雑さによるもののほか、そもそも父親がちがうという理由もあるのです。

田舎と都市部では繁殖に成功するオスの年齢にも差があります。都市部は乱婚制なので若いオスにもチャンスが巡ってきます。そのためオスは性成熟する10か月齢くらいでメスに求愛しはじめます。しかし田舎や野生は一夫多妻制。強くて大きいオスがメスを独占するため、若くて小さいオスには勝ち目がありません。**田舎で繁殖できたオスは多くが3歳以上**だったそう。3歳未満で繁殖できたのは茶トラだけだったそうです。

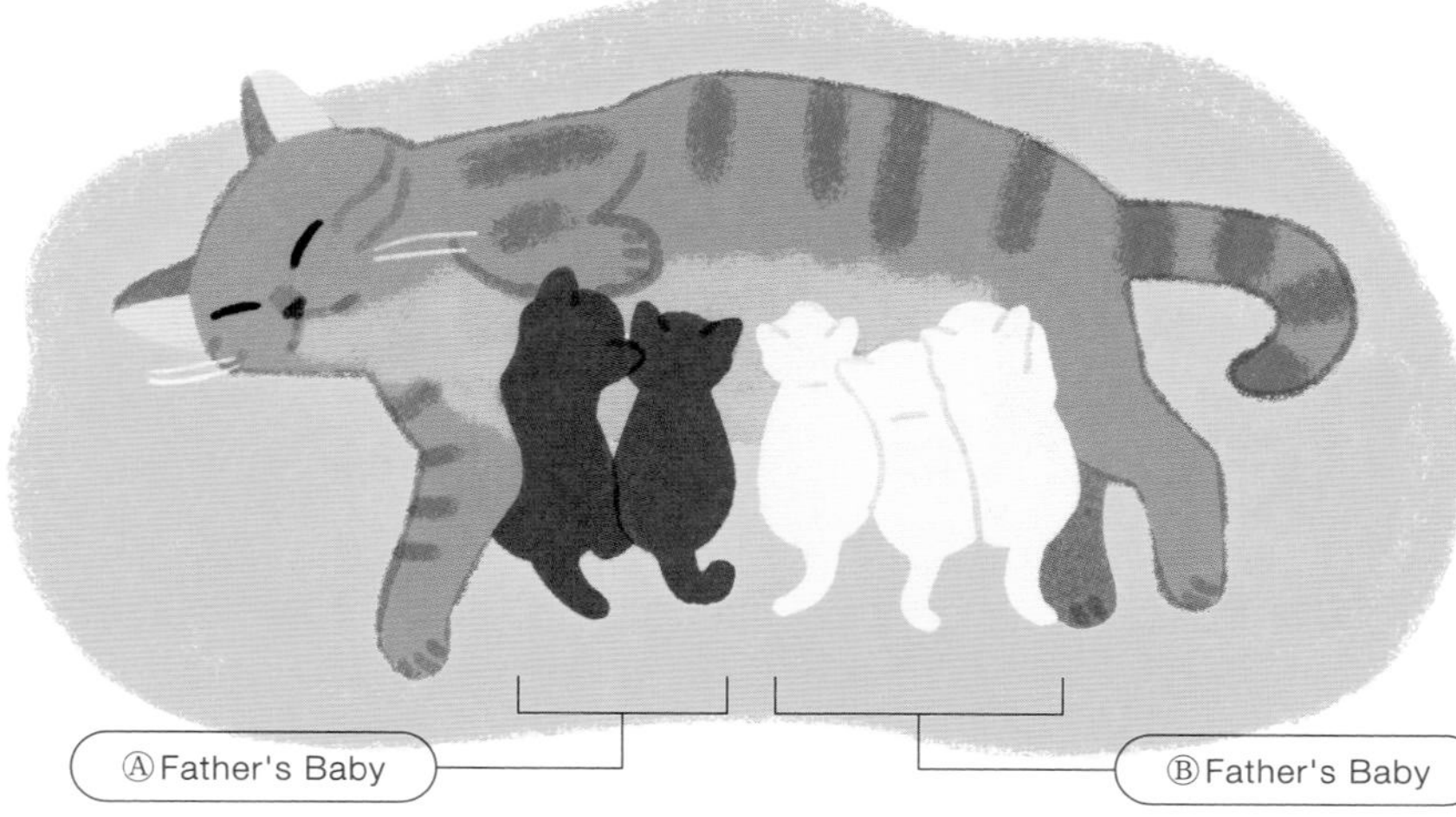

しっぽ側の乳首が人気

115 子猫は自分専用の乳首を決める

子猫は生まれるとすぐに母親のお乳に吸いつきますが、生後2、3日までに**どの子猫がどの乳首に吸いつくか決まる**そう。生まれたばかりの子猫は爪が出っぱなしで引っ込めることができず、お乳を吸うときに争うと互いに引っかきあって傷だらけになってしまう危険があります。専用の乳首を決めればこうした危険を減らすことができます。

まだ目も開いていない子猫はにおいで乳首を区別しているようで、**人が母猫の腹部を洗うと子猫は専用の乳首がわからなくなって混乱する**そうです。

乳首の数は意外とファジー

猫は胸から下腹まで2列の乳腺があり、そこに4対（8個）の乳首が発達します。しかしなかには3対（6個）の猫がいたり、まれに7個の猫もいるよう。乳首の数が決まっていないなんてちょっと不思議ですね。
ちなみに哺乳類の祖先はもともと7対の乳首があり、人間は上から2番目が残ったといわれます。ほかの乳首の痕跡がふくらみやしこりとして現れたり、妊娠中や産後に脇や乳房の下に副乳が発達することもあります。

☞P.76 宥和フェロモン

116 子を守り、育てるのはメスだけ。でも飼育下ではイクメンもいる

野生で子育てするのはメスだけです。オスがメスと接触するのは発情期だけで、子育てを手伝うことはありません。

しかし飼育下の飼い猫や人から食糧を得ている野良猫のなかにはイクメンもいるよう。なかでも私の記憶に残るのは福岡県・相島（あいのしま）の野良猫ドキュメンタリー。2017年に放送された番組で、こんな内容でした。

若いオスのコムギは母親のもとを離れて独立するも、ほかの強いオスに追い払われ苦労の連続。しかし数か月後、弱気だったコムギがほかのオスを必死に威嚇する姿がありました。どうやら、ある物置に近づくオスたちを追い払っているよう。調べると物置の中では2匹のメスが子育て中。コムギはときおり物置に入っては子猫のにおいを嗅いでいます。

これはと思った番組スタッフがDNA鑑定をすると、物置の子猫は半数以上がコムギの子と判明。つまりコムギは**ほかのオスからメスと子猫を守っていた**のです。

相島ではオスが血縁のない子猫を殺すことがたびたびあり（子猫を殺すことによって母猫を再び発情させ、繁殖の機会を狙うと推測される）、それを防いでいたと推察されます。猫のオスも我が子を守ることがあるのですね。

117
夏至前に生まれた猫は太りやすい?

雑種猫146匹を調べた研究に、**夏至の前に生まれた猫は夏至のあとに生まれた子猫と比べて5・65倍太りやすい**というデータがあります。室内飼いで自由摂食（好きなときに好きなだけ食べられる）が許された猫の統計です。

本来、野生の猫は春（夏至前）に出産します。暖かい季節は子育てしやすいからです。つまり夏至前に生まれた子猫は育ちやすいといえます。日本人の子どもも春から夏に生まれると体が大きくなる傾向があるそうです。

育ちやすいのは喜ばしいことですが、好きなだけ食べられる環境に置くと肥満になりやすいということでしょう。肥満細胞の数は幼少期に決定し、その後ダイエットしても減りません。つまり幼少期に肥満になるとおとなになっても痩せにくいのです。**春生まれの猫は食べ過ぎに注意すべし**、です。

メスの共同育児

血縁関係のあるメス（母子や姉妹）はいっしょに子育てすることがあります。母猫はどの子猫も区別せず授乳。狩りをするために巣を離れるときもほかのメスがいてくれれば安心ですし、敵が来たら協力して追い払うこともできます。複数のメスに世話された子猫は栄養状態がよく早く成長します。

118 フミフミは早期離乳が原因？

子猫は母猫のお乳を飲むとき、前足を母猫のおなかにあててもむように動かします。「Milk Tread」（ミルクの足踏み）と呼ばれるしぐさです。こうすると**乳腺が刺激され母乳がよく出る**といわれます。猫だけでなく犬やげっ歯類、豚もこのしぐさをします。

おとなになっても毛布やクッション、なかには飼い主さんのおなかを相手にフミフミする猫がいますが、これは**一種の赤ちゃん返り。人間の子どもの指しゃぶりのようなものです。**フミフミと同時に毛布をチューチュー吸ったりゴロゴロとのどを鳴らしたりするのは、まさにお乳を吸っている気分になっています。

おとなになってもフミフミするのは、ちゃんとした乳離れができていない猫に多いといわれます。子猫はものを食べられるようになってからも母猫のお乳を吸いたがります。哺乳類にとってお乳を吸うのは本能であり、お乳を吸うと安心できるからです。しかし歯の生えてきた子猫に吸われるのは母猫にとっては痛く、じょじょに拒否するようになります。こうして子猫は乳離れするのですが、母猫に拒否された経験がないと精神的に乳離れができず、いつまでも甘いミルクの思い出から離れられないようです。

?

早期離乳のデメリット

フミフミするだけならよいのですが、幼いうちに母猫から離すと情緒不安定になり問題行動を起こしやすいという面があります。社会化期（左ページ）が終わるまでは母猫やきょうだいといっしょに過ごすのがベスト。犬猫の生体販売も生後8週以下は禁止されています。

119

社会化期にふれあえば、人でも犬でもネズミでも慣れる

目が開き、まわりの世界と初めて接する生後2～7週の期間は猫の心が最もやわらかい時期。**社会化期と呼ばれる時期で、警戒心より好奇心が勝り、猫以外の動物もたやすく受け入れます。**飼い猫にするにはこの時期に人とふれあうことが大切。これを過ぎたら決して慣れないわけではありませんが、社会化期ほどの柔軟性はなくなります。

本来は獲物となる小型げっ歯類も、社会化期にいっしょに育てると仲間と認識し狩ることはなくなります。ただ、猫はいっしょに遊んでいるつもりでも体の小さい動物はダメージを受けて死んでしまうことがあるので、いっしょに飼うのはやはり危険です。

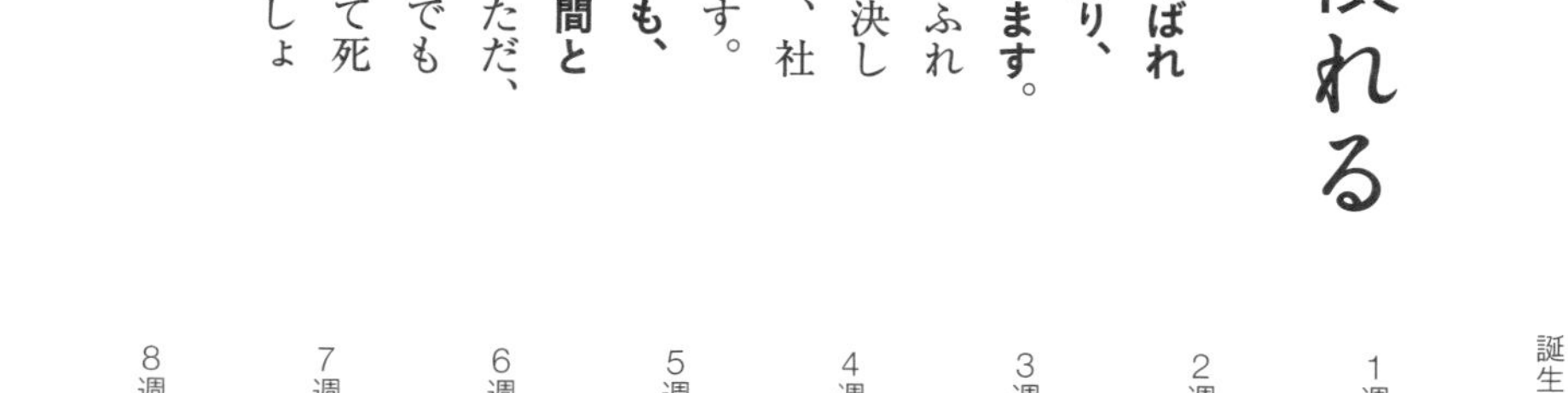

猫の社会化期

人が週齢の異なる子猫と1日40分ふれあった結果、2～7週の期間にふれあった猫が最も人慣れしたというデータがあります。もちろん、人慣れする度合いはもともとの気質によっても変わります。

喫煙者の猫は2.4倍も癌になりやすい

自宅に喫煙者がいる場合、副流煙によって猫も癌になりやすいことがわかっています。副流煙は喫煙者が吸い込む主流煙より発がん性物質が多く、猫はこの副流煙を直接吸い込むほか、被毛についた発がん性物質をなめとってしまいます。そのため口腔癌（1年以内に90％が死に至る）のリスクは喫煙者がいない場合と比べて4倍になるというデータがあります。悪性リンパ腫の発生率は2.4倍、さらに受動喫煙歴が5年以上の場合は3.5倍に増大。ほかに喘息や目への悪影響も報告されています。

人間の赤ちゃんの前では喫煙を控えるのが常識ですよね。猫も赤ちゃんくらいのサイズしかなく、大人より有害物質の影響が大きいことは想像に難くありません。愛猫の命を守るため、喫煙は室内ではなくベランダなどの屋外で行うことを強くおすすめします。

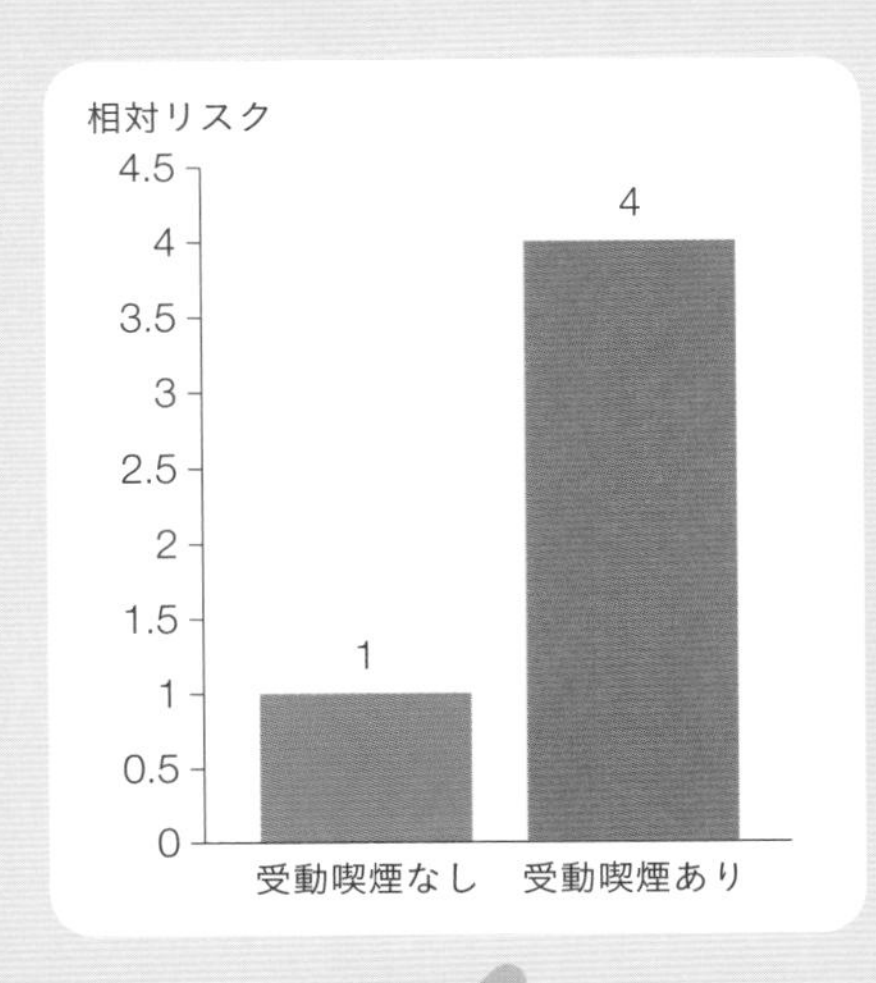

口腔癌のリスク

5

歴史や文化と猫との関係

121

古代エジプトでは猫は神と崇拝された

人類が農耕を始めたことがきっかけで猫は人と暮らすようになりました（P.16）。農耕の始まりは人の定住の始まりです。人が定住するとやがて国が生まれ、文明が発達します。猫の家畜化は約1万年前、地中海沿岸のレバント地方で始まりましたが（P.20）、そのすぐそばで紀元前3000年ごろから発達したのが古代エジプト文明でした。**古代エジプトには猫と人の暮らしがわかる遺跡が多く残っています。**

　古代エジプトは現在まで使われる太陽暦を生み出した文明です。自然をよく観察し、自然から恵みを享受する技術に長けていました。牛や豚、ヤギなど現在の家畜動物はほぼすべてこの時代に家畜化されています。猫はネズミや毒蛇を捕らえる益獣として、また愛玩動物として人々に愛されました。猫を表すヒエログリフ（象形文字）も生まれ、猫はmiu（ミウ）やmii（ミー）、mitt（ミット）と発音されました。これは猫の鳴き声に由来するものでしょう。

　当時の人々にとって自然は崇拝の対象で、多くの動物が神格化されました。古代エジプトで古くから信仰を集めた女神バステトははじめライオンの頭をもっていましたが、時代が下るにつれ猫の頭に変化していきます。**猫は小さなライオンであり、神の化身になった**

猫のミイラ。死後の世界で飢えることがないよう、ネズミや魚といっしょに埋葬されました。

紀元前664～30年ごろのバステト像。第22王朝時代の中心地ブバスティスは「バステトの館」を意味する町でした。

のです。

やがて、猫への信仰心は過熱してゆきました。人々は飼い猫が亡くなると眉を剃って喪に服し、死後の復活を願ってミイラにしました。**猫を殺してしまうとたとえそれが事故であっても死刑にされた**ため、猫が死ぬところを目撃した人は濡れ衣を着せられないよう一目散に逃げたといいます。

記録に残る世界最古の猫の名は「Nedjem」

第18王朝6代目のファラオ・トトメス3世(紀元前1479～1425年)の時代に活躍した建築家プイムレは「Nedjem」(ネジェム)という名の猫を飼っていたことがわかっています。Nedjemは「甘い」「心地よい」という意味で、「かわいこちゃん」というニュアンスでつけられた名前のよう。

紀元前1350年ごろ、中級役人だったネバムンという男の墓にあった壁画。沼地で鳥を狩るネバムンの左側に鳥に噛みつく猫の姿があります。

122 古代エジプトから猫が密輸され他国へ広まりだす

神聖な動物だった猫はエジプト国外への持ち出しを禁止されていました。しかし当時エジプトと交易をしていたフェニキア人（現在のレバノンあたりを拠点に海上貿易をしていた集団）は商魂たくましく、こっそりと猫を国外に持ち出していたよう。船上では猫は貨物を食い荒らすネズミを退治してくれるし、諸外国にも珍獣として高く売れたからです。**少なくとも紀元前５００年ごろには、猫はエジプト国外でも飼われるようになった**と考えられています。

下は紀元前５００年ごろの古代ギリシャのレリーフ。古代ローマでは紀元前１世紀ごろのモザイク画や（左ページ）、プリニウスが著した『博物誌』に猫が登場します。**古代ローマがヨーロッパ全土を支配するにともない猫もヨーロッパに広まっていった**のはまちがいないでしょう。古代ローマ人やギリシャ人は長らくネズミ駆除をフェレット（ケナガイタチ）に任せていましたが、４世紀になるとその役目を猫がとって代わります。猫のほうが飼いやすく、体臭も弱かったからといわれます。また、ローマ人の女性に子猫を意味する名前「Felicula（フェリキュラ）」をつけることも流行したようです。

紀元前500年ごろのギリシャの大理石のレリーフ。紐につないだ犬と猫を対峙させているようすが描かれています。

猫の広がり（第１段階）

エジプトから秘密裏に持ち出された猫は地中海を渡り、珍しい動物として高く売れました。

紀元前1世紀ごろのモザイク画。猫が水飲み場に来る鳥を狙ったり押さえつけているようすが描かれています。古代ローマの都市、ポンペイの遺跡で見つかったものです。

ポンペイの遺跡には なぜか猫がいない

古代ローマのポンペイ遺跡をご存じでしょうか。西暦79年、ヴェスヴィオ火山が噴火し、ポンペイの町は一夜にして火山灰に埋まりました。遺跡には、逃げるまもなく生き埋めになった人や動物の跡がなまなましく残り、当時の面影を伝えています。

不思議なのが、生き埋めになった猫が確認できないこと。当時、ポンペイは交通の要衝として栄えており猫がいておかしくないですし、上のモザイク画もポンペイ遺跡のものです。しかし犬や馬、豚などの生き埋め跡はあるのになぜか猫はいないのです。当時、生身の猫はまだポンペイまでたどりついていなかったのでしょうか。それとも猫はいたけれど火山の噴火を予知して我先に逃げてしまったのでしょうか？　考古学の不思議のひとつとされています。

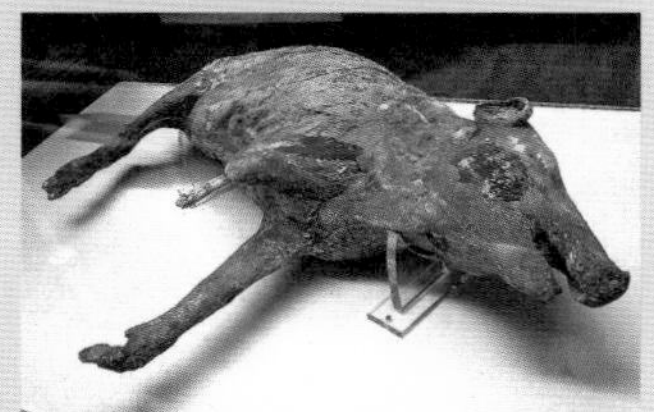

生き埋めになった遺体は腐って消失しましたが、まわりの火山灰は固まって残ります。そこに石膏を流し込んで再現したものがこれら。（上）首輪をした犬。苦しそうなようすが伝わってきます。（下）豚。

123
(COLUMN)

多産や豊穣の女神

す。この猫は古くからスコグカット（森の猫）と呼ばれてきたノルウェーの土着猫、ノルウェージャンフォレストキャット（P.38）であるともいわれます。フレイアもやはり、性に奔放な女神でした。

これら太古の女神たちは、原始的な生命力にあふれています。そしてそれは、その後信仰を広めたキリスト教が美徳とする貞淑さとは正反対のものでした。アダムを堕落させたイブと同じように、太古の女神たちは慎みのない魔女として悪のイメージを植えつけられていきます。中世で猫が魔女の手先として迫害されたのは、このようなイメージ操作も絡んでいると考えられています。

☞P.172 中世ヨーロッパでは猫は魔女の手先として迫害された

夜を支配する月の女神ダイアナも猫と関連づけられます。残忍な一面ももちあわせるのが古代の女神の特徴です。古代ギリシャ彫刻の複製。

北欧神話の女神フレイアは猫が引く戦車に乗ります。エミール・ドープラー作。

ギリシャ神話の
月の女神アルテミス。森の狩猟の女神でもあり、弓矢をもった姿で描かれます。月と狩猟、どちらも猫に深く関係があります。ジュール・ルフェーブル作。

神話のなかの猫は

世界各地の古代神話に見られる「地母神（じぼしん）」。大地の豊穣や多産を象徴する女神です。古代エジプトの女神バステト（P.164）も地母神の一種です。猫のしなやかな体は女性的ですし、一度に何匹も生むことから、女神や地母神と結びつけて考えられたのはうなずけます。

ギリシャ神話の女神アルテミスはもともとはアナトリア（現在のトルコ）の地母神だったといわれ、彼女は猫に変身します。ギリシャ神話の影響を強く受けたローマ神話では、アルテミスに相当するのは月の女神ダイアナ。闇のなかで活動する猫は夜や月とも深く結びつけられました。バステトも「夜には目の中に太陽を置き、太陽から授かった光を借りて辺りを警戒する」といわれます。美や性愛の女神ビーナスも地母神で、よくダイアナと同一視されます。ビーナスは性に奔放な女神とされますが、これも猫の姿と重なります。

北欧神話のフレイアは愛と豊穣、戦いと死の女神。フレイアは猫が引く戦車に乗ります。2匹の猫はフレイアの豊穣と残忍性を象徴するといいま

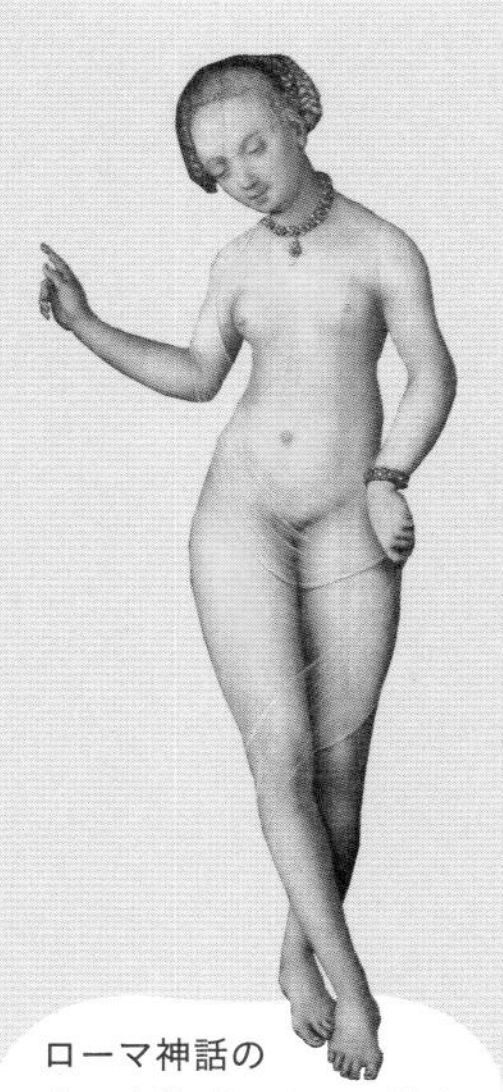

ローマ神話の
美の女神ビーナスはダイアナと同一視されます。神の概念が習合するのはよくあることです。ルーカス・クラナハ作。

古代エジプトのブロンズ像。一度に何匹も生み育てる猫は多産のシンボルとして、女性たちのお守りにもされました。

124

紀元前525年、古代エジプトは猫のために敗戦した

紀元前6世紀、イランに王朝を作ったペルシア人たちは急速に勢力を増し、つぎつぎに諸国を征服していきました。紀元前525年、ペルシア王カンビュセス2世はエジプト征服のために戦をしかけました。戦地となったのはエジプト東部にある町ペルシウム。彼はエジプト人の猫崇拝を巧妙に利用しました。**猫を楯に縛りつけて戦に臨んだの**です。もっともこれは伝説にすぎず、実際は楯にバステトの絵を描いただけだともいわれています。

なんにせよ、エジプト人は猫（あるいはバステト）を傷つけるのを恐れて戦うことができず敗北。勝利したペルシア王はエジプト国内を回りながら、エジプト人に猫を投げつけてあざ笑ったといいます。

この敗北によりエジプト王朝はペルシアの支配下に置かれました。**古代エジプトは猫を崇拝するがあまり戦いに負けた**のです。

ペルシウムの戦いを描いた『カンビュセス王の包囲』ポール・マリー・ルノワール作。馬に乗った王が片手に猫を持ち、宙へ投げ飛ばされる猫も見えます。

125 紀元後、ヨーロッパ全土とシルクロードを経てアジアへ猫が広がった

1世紀に入ってまもなく猫はブリテン諸島に持ち込まれ、1世紀末までにはロシア南部やヨーロッパ北部にまで到達。**ヨーロッパ全土に猫が広まりました。**

同じころ、地中海周辺と中国を結ぶ交通路シルクロードも開拓され、アジアにも猫は広がっていきます。インドではこのころサンスクリット語で書かれた資料に猫が登場します。

紀元前5世紀ごろインドで生まれた仏教は、紀元前後にシルクロードを通って中国に伝えられました。仏教の伝来とともに、猫も中国に持ち込まれたのでしょう。猫が到達した年代ははっきりしませんが、**遅くとも紀元400年ごろには中国や東南アジアに猫がいた**ようです。

宮廷に仕える女性の足元に白黒の猫が見えます。『仕女図』（しじょず）周文矩作、10世紀。

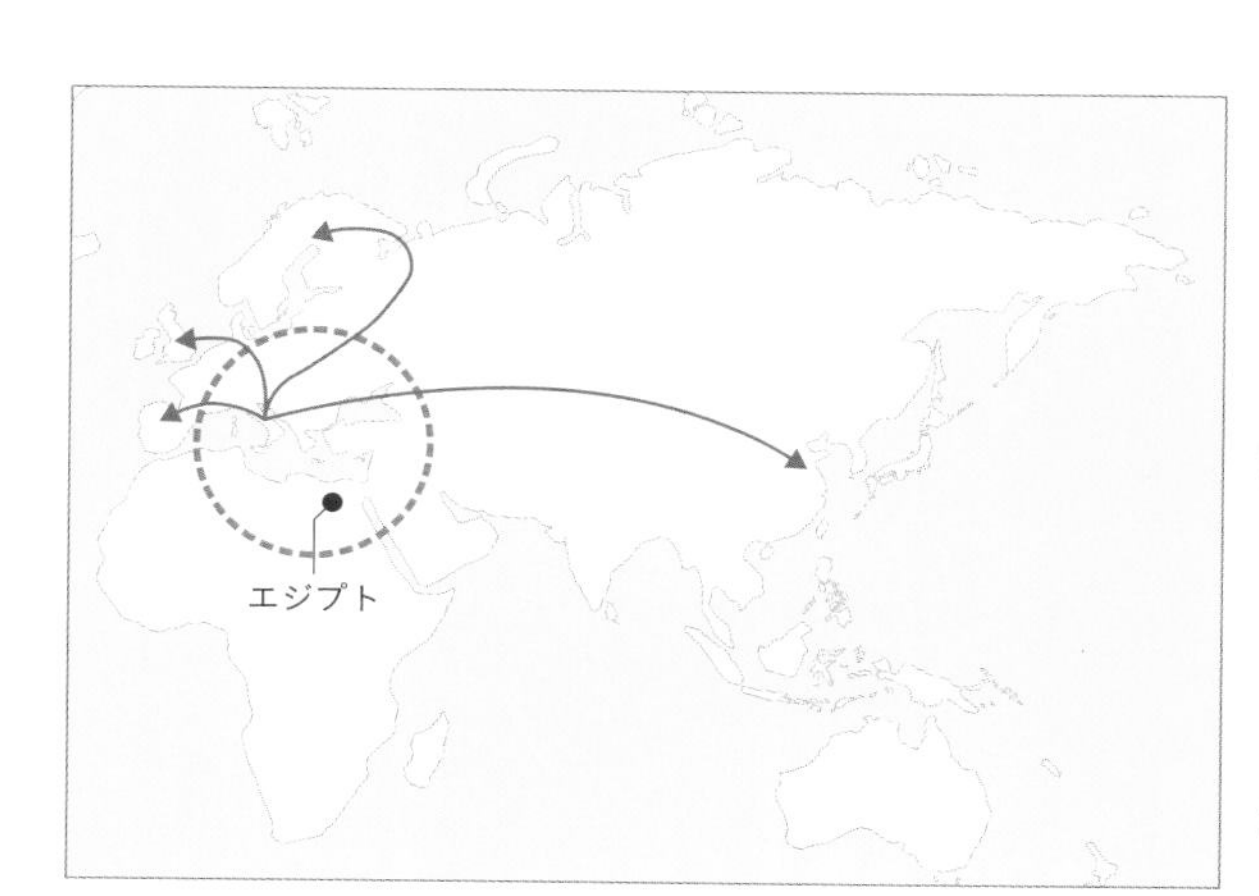

猫の広がり（第2段階）

紀元前後には猫はヨーロッパ全土へ広まります。同時にシルクロードを通ってアジアにも広がりました。

126

中世ヨーロッパでは猫は魔女の手先として迫害された

グリム童話『ヘンゼルとグレーテル』の1シーン。お菓子の家にすむ魔女の足元に黒猫がいます。子どものころからこうしたイメージを植えつけられれば、黒猫と魔女を結びつけるのも当然のことです。

イギリスの絵本の挿絵に登場する魔女。空飛ぶほうきに黒猫を乗せています。

キリスト教がヨーロッパに広まり他宗教への弾圧が始まると、猫にとって受難の時代が訪れます。**猫と魔女が結びつけられ、迫害に遭った**のです。とくに忌み嫌われたのは黒猫。黒猫は悪魔の化身とされ嫌悪されました。

魔女狩りという名目で、10万人以上の無実の人と多くの猫が拷問や処刑に遭いました。魔女狩りに遭ったのは女性だけではありません。中世ヨーロッパで活躍したテンプル騎士団は、フランス国王に「悪魔が猫の姿となってテンプル騎士団の集会に現れた」という言いがかりをつけられ処刑されました。権力者にとって邪魔な人物を都合よく排除するのに、魔女狩りは便利な方法だったのです。

1347年からの数年間、ペストが猛威をふるい多くの死者を出しますが、これも魔女のせいとされ、さらに迫害

『最後の晩餐』
ドメニコ・ギルランダイオ作

1486年ごろの作。『最後の晩餐』では裏切り者のユダのそばに猫が描かれることがあります。猫は邪悪の暗喩だったのです。この絵の場合、ひとりだけ手前にいる男がユダ。頭の上に聖者を示す光輪がないのも特徴です。

中世ベルギーでも猫への虐待が行われ、塔の上から猫が投げ捨てられました。現在では猫の追悼のため、また悲しい歴史を忘れないために、3年に一度、猫に扮した仮装パレードが盛大に行われます。

が強まります。実際は、猫は病気を媒介するネズミを退治し感染を抑える役割を果たしていたのですが……。まだ科学が発展していない時代、飢饉や感染症などの社会不安が渦巻くなか、**魔女狩りは人々のストレスのはけ口として過熱**していったのです。

現代も続く黒猫への偏見

残念なことに、キリスト教圏ではいまも「黒猫は不吉」というイメージが強く、ハロウィンの時期に黒猫が虐待されたり、保護施設にいる黒猫に里親のなり手が現れにくいといった状況があります。愛護団体などはこうした偏見をなくすべく、黒猫の日を設けるなどして、黒猫のよさをアピールしています。アメリカでは8月17日が「黒猫感謝の日」、10月27日が「黒猫の日」、イタリアでは11月17日が「黒猫の日」です。

127
(COLUMN)

嫌った宗教

り、ある日ムハンマドがムエザの額に手をあてMの字を与えたというもの。ムハンマドは大の猫好きで、服の袖の上で寝ていたムエザを起こさないよう袖を切って服を着たというエピソードもあります。現代でも猫はモスクに入ることを許され、礼拝中の導師の肩によじ登ることさえあります。

儒教では猫は吉祥（幸福）の象徴とされました。経典『礼記』には「七十を耄といい、八十を耋という」という文があり、猫と蝶を描いた絵は「耄耋図」と呼ばれ長寿を願う縁起物とされています。中国で猫は「マオ」と発音され耄に通じ、蝶は「ティエ」と発音され耋と通じるからです。

いっぽうインド発祥の仏教は猫を嫌っていたよう。「猫はものを壊すから飼ってはいけない」「邪悪で貪欲で親友を裏切る者は猫に生まれ変わる」などひどい書かれようです。十二支にも猫はおらず、あらゆる動物が描かれている涅槃図にも猫は基本的に登場しません。

『釈尊涅槃図』の一部　作者不明

珍しく猫がいる涅槃図。「一切衆生悉有仏性」（いっさいしゅじょうしつうぶっしょう／生きとし生けるものはことごとく仏の心をもっている）として、江戸時代後半になると猫を入れる絵師もいたそう。

画像提供／青岸寺

猫を好いた宗教、

キリスト教では猫を魔女の手先と見なしてきた歴史がありますし(P.172)、新約聖書にも猫は登場しません。ただ、いっぽうでこんな伝承もあります。「聖母マリアがキリストを産んだ同じ夜に、ベツレヘムの猫が子猫を産み、マリアは猫の額にMの文字を与えた」。縞模様の猫の額にMの字が見えるのはそのためだといいます。

これによく似たエピソードがイスラム教にもあります。開祖ムハンマドはムエザという名の猫を飼ってお

『猫の聖母』
フェデリコ・バロッチ作
キリストを抱くマリア。左下に茶白の猫が見えます。マリアが懐妊を告げられる受胎告知の絵にも猫が多く登場します。

『蜀葵遊猫圖』（しょっきゆうびょうず）
毛益作
12世紀の耄耋図。猫と蝶を描いた絵は長寿を願う縁起物でした。長毛らしき親猫とたわむれる子猫たち、上空に2匹のモンシロチョウが描かれています。

128

大航海時代になると船に乗って新大陸へ猫が到達

時は流れ15世紀に入ると、ヨーロッパの主権国家が大型船で海外進出を始めます。大航海時代の始まりです。船の荷物やロープをかじってだめにするネズミ退治に必要なのは猫。**船乗りとともに猫は世界を旅します。**

記録ではフランス人修道士が猫を連れてカナダのケベックに移り住んだり、1620年にメイフラワー号に乗ったピューリタンが猫を連れてアメリカにたどり着いたことがわかっています。船の上でも子猫が生まれ、寄港地に寄るたびに多くの猫が逃げ出しました。こうして**18世紀後半までに猫は人がいるほとんどの地域に広がりました。**世界中に広まった猫は、各地の気候に合わせて体型や毛並みを変化させ、独特の風貌をもつようになりました。

大航海時代、海路を通って新大陸に渡った猫たちと、シルクロードという陸路を通ってアジアに広まった猫たちでは、DNAでも異なった特徴が現れます。遺伝子解析が可能になった現代、猫のルーツがDNAによって明らかになってきています。

☞P.44 猫種の親戚関係が遺伝子で解析されつつある

イギリスに多くいたクラシックタビーの猫をアメリカに持ち込んだのがアメリカンショートヘアの起源（P.31）。開拓者とともに旅をしたたくましさがあるといいます。イギリスが19～20世紀占領した香港にもクラシックタビーの猫が多く、歴史を物語ります。

猫の広がり（第3段階）

15世紀になるとヨーロッパ人が新大陸を発見。猫も開拓者とともに大西洋を渡り、南北アメリカに広まりました。

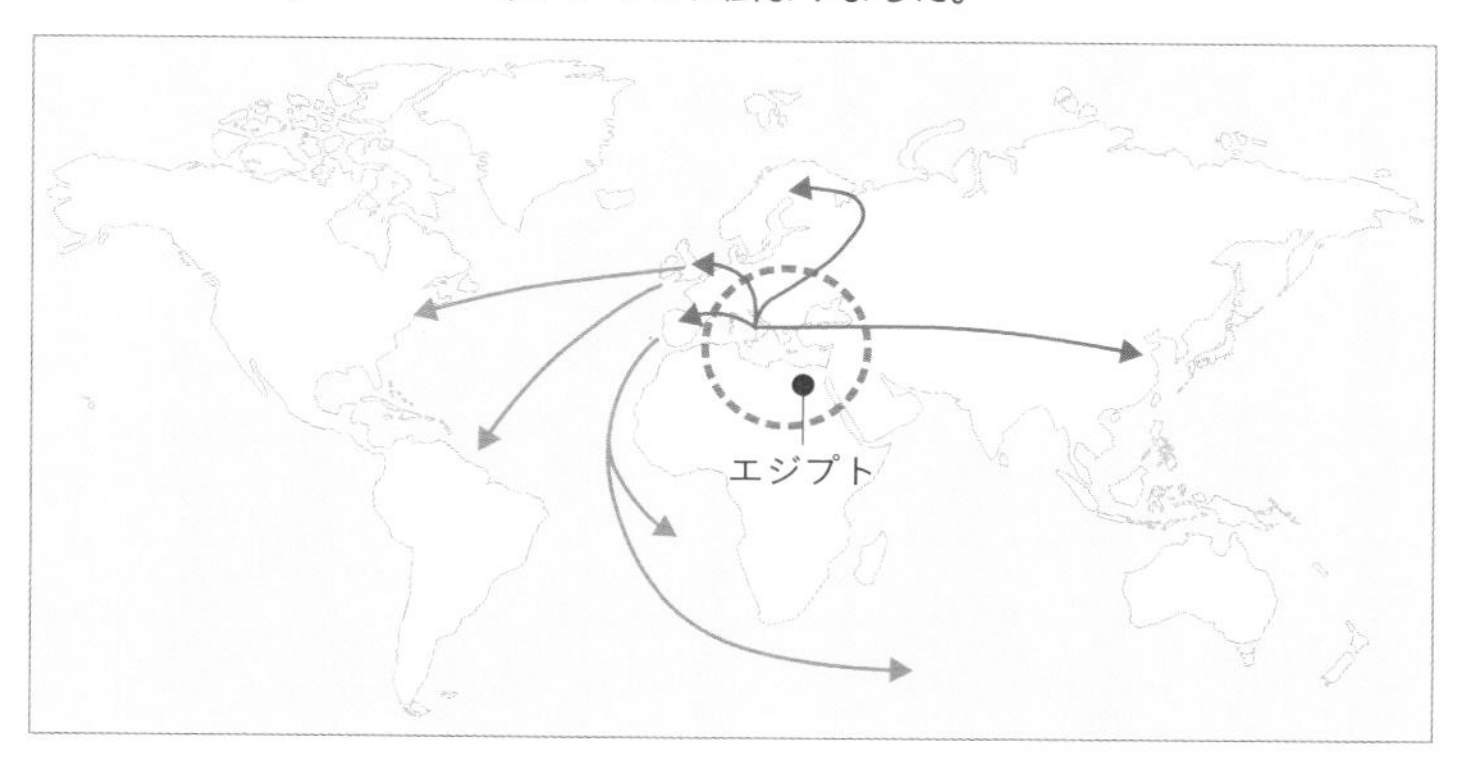

18世紀後半まで猫がいなかったオーストラリア

地球上の大陸のなかで、猫が最後に到達したのがオーストラリア大陸です。18世紀後半、ヨーロッパからの移民が犬や猫、うさぎなどを持ち込みました。

オーストラリアは有袋類の楽園で、多くの固有種が生息しています。そこに繁殖力の強い哺乳類を安易に持ち込んだことは大きな過ちでした。あっというまに増えたうさぎを駆除しようと新たにキツネを持ち込むも、キツネはうさぎよりも捕まえやすい小型有袋類を狙うようになり、さらにキツネも増加。うさぎがこれ以上生息地を広げないよう巨額を投じて長距離フェンスを作るも、うさぎは地面に穴を掘って向こう側に移動できるので意味なし。対策実行の前に政府は誰か有能な生物学者に助言を求めなかったのでしょうか……？

現在は固有種を絶滅から守るため、増えすぎた野良猫を大量に駆除しようとしています。動物愛護団体は反対していますが、オーストラリア政府の計画は変わっていません。

もともと猫がいなかったオーストラリアでは、生態系のなかで猫のような地位にいたのはフクロネコという肉食有袋類でした。フクロネコは、いまではさまざまな影響で数が激減しています。

PHOTO MUSEUM

世界を旅した船乗り猫たち

古代から近代にいたるまで、
船には害獣駆除役の猫がつきもの。
猫は船員たちの癒やしでもありました。

砲口から顔を出す子猫

かわいらしい写真ですが、子猫が顔を出しているのは海軍の砲口。第一次世界大戦の戦艦にも猫は多く乗っていました。

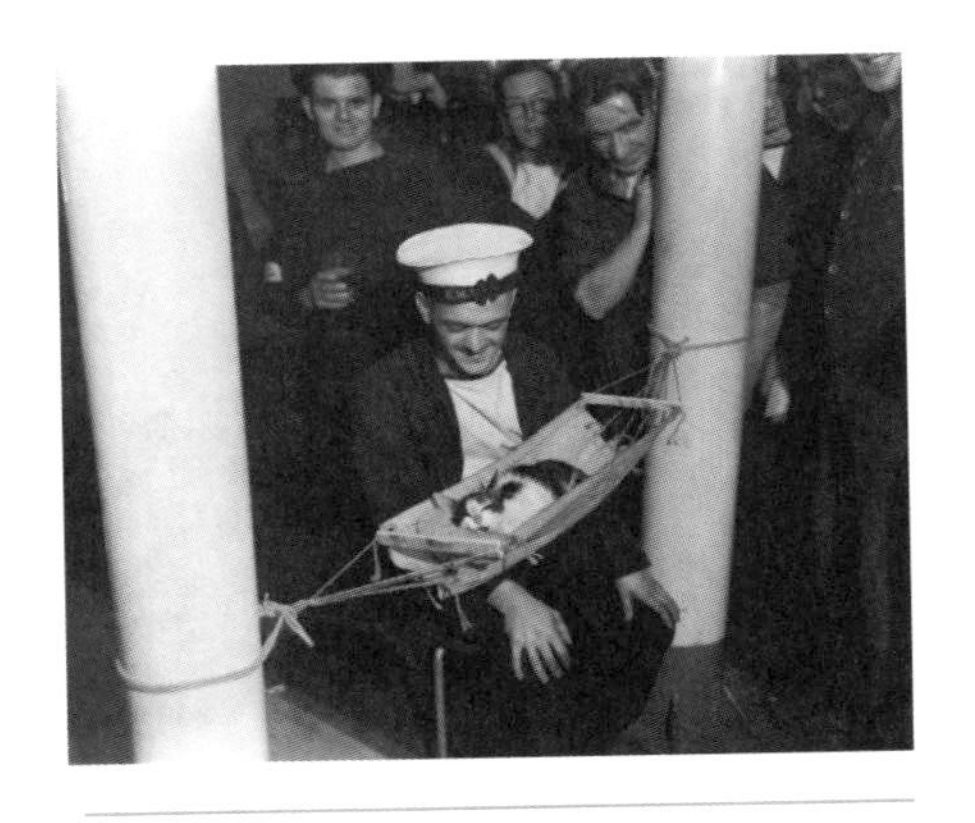

英国海軍のコンボイ

英国海軍ハーマイオニー号の船乗り猫コンボイを笑顔で見つめる船員たち。コンボイ（護衛）の名は護衛船に何度も乗ったことから。猫用の小さなハンモックがかわいらしい。

勲章を与えられたサイモン

1949年、アメジスト号事件を生き延びた猫サイモン。中国の揚子江を航行中だったアメジスト号は、人民解放軍に捕捉され101日間動けずにいました。船員たちが疲弊していくなかサイモンが船内を闊歩し、士気を上げたといいます。帰還後、戦争で活躍した動物に贈られるディッキンメダルがサイモンに授与されました。ロンドンにあるサイモンの墓石には「彼の行動は最高級のものだった」と刻まれています。

不沈のサム

第二次世界大戦中、ドイツ戦艦の残骸に紛れて漂流しているところを救助されたサム。おそらくドイツ軍の船乗り猫だったのでしょう。その後イギリス駆逐艦の猫となるも船が撃沈され、つぎに乗った空母も沈没。それら数々の試練を乗り越えてサムは生き延び、「不沈のサム」と呼ばれました。

チャーチル首相に挨拶したブラッキー

英国戦艦プリンスオブウェールズ号の船乗り猫ブラッキー。1941年、米大統領との会談のためチャーチルが同艦に乗りますが、船を下りる際、突然ブラッキーがチャーチルの前に現れてご挨拶。猫好きで知られるチャーチルはブラッキーの頭を優しくなでました。緊張が強いられる会談の前、チャーチルの気持ちはなごんだことでしょう。

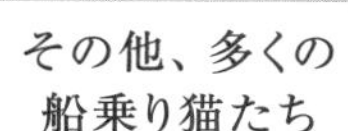

その他、多くの船乗り猫たち

(右上) 1910年ごろの写真。(左上) 1940年、シドニーの船乗り猫サルボと、船乗り犬シュラプネルを抱く船員。(左下)アメリカ海兵隊が保護したアライグマの赤ちゃんを船乗り猫ニッピーがお世話。

129 日本には仏教の経典とともに猫がやってきた

日本には中国から仏教の経典とともに猫がやってきたといわれますが、その年代までは残念ながらはっきりしません。**日本の書物に猫がはじめて登場するのは、822年ごろにできた『日本霊異記』という仏教説話集のなか。**「豊前の国、広国という男の父が死に、1年目に大蛇、2年目に犬、3年目に猫になる」という記述があります。これはフィクションですが、猫というものを知らなければ話にも登場させられないはず。仏教伝来は538年とされるので、538~822年のどこかで猫は日本に来たのではないでしょうか。

また、古い書物には「唐猫」という表記があることから、630年に始まった遣唐使派遣により**遣唐使が猫を連れて来**たのだという説もあります。

猫=タヌキ?

中国では猫を「狸」「狸奴」という字で表すことが多く、そのため『日本霊異記』でも「狸」と書かれたうえで注釈で「禰古」(ねこ)とつけられています。室町時代中期の辞典『壒嚢鈔』(あいのうしょう)ではなんと「猫と狸は明らかに同類である」と書かれています。

130 弥生時代から猫はいた？遺跡から骨が出土

2011年、長崎県壱岐島(いきのしま)のカラカミ遺跡から猫の骨が見つかりました。鑑定の結果、これらの骨は紀元前2世紀ごろ（弥生時代）のイエネコのものということがわかりました。**日本でこれまでに発見されたイエネコの骨では最古のもの**です。

壱岐島は九州と朝鮮半島のあいだにある小さな島です。朝鮮や中国と長崎とは古くから交易があり、途中の壱岐島に寄港していたよう。3世紀の『魏志倭人伝(ぎしわじんでん)』にも壱岐は「一支国(いきこく)」として登場します。これらのことから、遺跡を発掘した調査班は「**朝鮮半島から持ち込まれたイエネコが壱岐島にいたのでは**」と語っています。

壱岐に持ち込まれた猫がその後定住できたのか、それとも数世代で絶えたのか、九州や本州にも同時期に猫がいたのかはわかりません。ただ、いままでの定説だった「日本には仏教伝来とともに猫が来た」とは別のシナリオ、もっとずっと以前から猫が日本にいた可能性が浮かび上がってきています。

「猫」の語源

なぜ「ねこ」と呼ばれるようになったかは諸説あります。よく寝る子で「ねこ」。ネウネウ（寝よう寝よう）と鳴くで「ねこ」。ネズミを捕まえる益獣であることから、ネ（ネズミ）にコマ（神や熊の意）がついて「ネコマ」になり、やがて語尾のマが消失したというものなどなど。

ちなみに漢字の「猫」は、「苗を害するネズミをよく捕るけもの」という成り立ちだそう。「猫」の音読みは「びょう」「みょう」で、猫の鳴き声と通じます。

ところで13世紀の『宇治拾遺物語(うじしゅうい)』には「子子子子子子子子子子子子」という文字遊びが出てきます。読み方は「猫(ねこ)の子(こ)の子猫(こねこ)、獅子(しし)の子(こ)の子獅子(こじし)」。ねずみどしを「子年」と書くように、ネは昔「子」と書かれていたのです。

131 平安時代には猫は貴重なペットとして寵愛される

平安時代になると愛玩動物として飼われる猫の姿が文献に現れます。**海外からやってきた珍しい動物として上流階級のペットとなる**のです。当時、猫を飼うことは一種のステイタスで、錦繍でできた首輪に金の鈴をつけ、紐でつないで飼っていました。

宇多天皇の日記である**『寛平御記』は、日本初の愛猫日記**といってよいでしょう。885年に中国から渡来した黒猫を光孝天皇から譲り受け、たいそうかわいがったことが記されています。

一条天皇も猫好きで、猫に五位の位をもつ女性を指す「命婦御許」という名をつけ、乳母をつけて世話をさせていました。これは**日本最古の猫の名前の記録**です。

平安時代後期の公卿である藤原頼長は1142年、『台記』と呼ばれる自身の日記に、少年のころに飼っていた猫の話を記しています。病気になった猫の平癒を願って「猫に十年の寿命を与えてください」と祈ったと書いています。

『二品親王女三宮』
楊州周延作

『源氏物語』の「若菜」のシーン。猫をつないだ紐が引っかかって御簾（みす）が引き上げられ、偶然女三宮の姿があらわになり、それを目にした柏木が恋に落ちます。

清少納言は
白黒猫が好き。

好きな毛柄は白黒と言及

『枕草紙』のなかで「猫は、背中だけ黒くて、腹の部分がたいそう白いのがよい」と書いています。また「いまふうでしゃれているものといったら、簾（すだれ）の外の高欄（こうらん）を、美しい猫に赤い綱、白い札をつけてひき歩くこと」と宮中の流行を記しています。「猫の耳の中って複雑ね」という一文もあり、清少納言の観察眼とセンスが光ります。

宇多天皇は
黒猫が好き。

黒猫偏愛の日記を残す

『寛平御記』にて「ほかの黒猫はみな浅黒い色であるが、この猫だけは墨のような漆黒をしている」「歩くときはまったく音を立てないので、まるで雲の上の黒龍のようである」「夜にはよくねずみを捕り、ほかの猫より敏捷である」など猫バカぶりを発揮。貴重な牛乳を使ったお粥を毎日与えていたそうです。

132 平安時代の猫の毛柄は限られている

平安時代の記録によると、**このころ日本にいた猫の毛柄はキジトラ、キジ白、黒、黒白の4種類のみ。**白や茶トラ、三毛などは室町時代以降に絵画などに現れます。日本で最初の猫の絵とされるのは平安後期の『信貴山縁起絵巻』で、色が褪せていて判然としませんが描かれている猫はおそらく白黒。『鳥獣人物戯画』（12～13世紀）に描かれた猫はおそらくキジトラです。

133 鎌倉〜江戸時代には猫又伝説が広がり長いしっぽが忌み嫌われる

平安時代中期までは貴族しか見たことのなかった猫が、時代が下るにつれ庶民も目にする機会が出てきます。**鎌倉時代になると「のらねこ」という言葉が出現**。紐でつないでいても逃げてしまう猫もいたのでしょう。そのうち闇のなかで目が光るせいか、猫をよく思わない仏教の影響か(P.174)、やがて妖怪変化と結びつけられていきます。

1330年ごろに書かれた兼好法師の『徒然草』には「山の奥に猫またというものがいて、人を食うそうだ」というくだりが出てきます。江戸中期の辞書『安斎随筆（あんざいずいひつ）』には「老猫は形が大きくなり、しっぽが二股になって災いをなす。これをねこまたともいう」とあります。二股のしっぽは室町時代の『玉藻草紙（たまものそうし）』という物語の影響のよう。この話に出てくる狐の妖怪が二股のしっぽをもっています。

このイメージの影響で、**江戸時代後期から長いしっぽの猫が嫌われるようになります**。長いしっぽはいかにも裂けそうだし、蛇のようで気味が悪いとされました。このため短いしっぽの猫が好まれ、長いしっぽを短く切る習慣が江戸時代後期から昭和初期まであったようです。

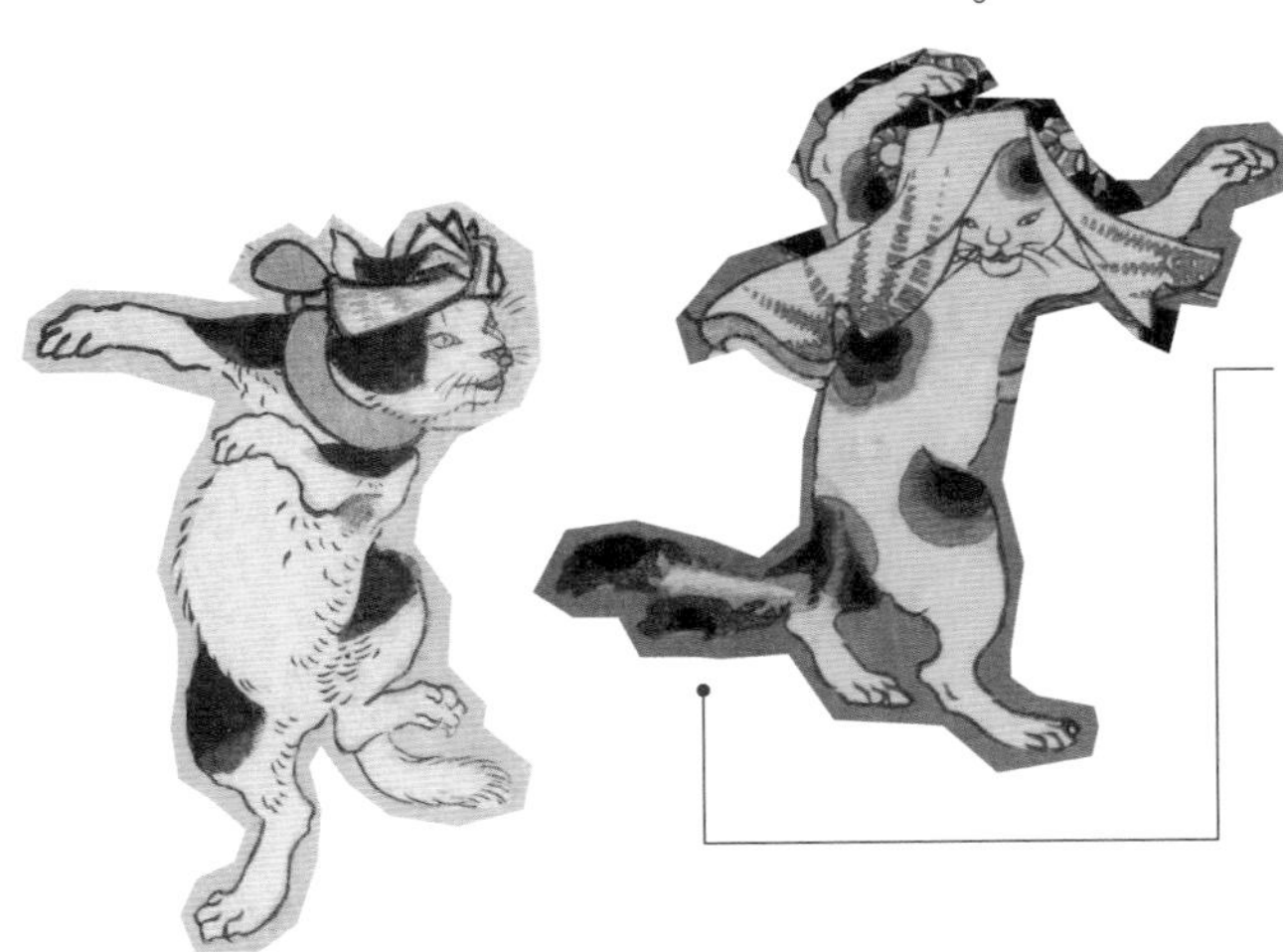

年をとるとしっぽが裂け猫又になると信じられる

浮世絵にはしっぽが二股になった猫の姿が多く見られます。10年あまり生きると言葉を話し、そこから4、5年経つと不思議な力を手にするという物語も。これは当時は10年生きる猫がまれだったことの表れでしょう。

猫又はなぜ踊る?

浮世絵の猫又はよく踊っています。1821年の『甲子夜話』(かっしゃわ)には「首に手拭いをかぶりて立ち、手をあげて招くが如く、そのさま小児の跳舞ふが如く」と表現されています。

猫が後ろ足だけで立ったり、前足で何かを取ろうと動かすのはよくあること。ですがこの「人間のようなしぐさができる」特徴が、人に化ける化け猫や猫又を想像させたのかもしれません。


『流行猫の戯(はやりねこのたわむれ)』 歌川国芳作

1841年の天保の改革で歌舞伎が弾圧され、歌舞伎役者を描いた絵も出版禁止に。絵師は知恵を絞って猫を擬人化して描きました。こうした絵が生まれるのも、猫が人に近い動きができるからでしょう。犬ではちょっと想像できません。

猫又はなぜ行灯(あんどん)の油をなめる?

猫又といえば行灯の油をなめるもの。チロチロと舌を出して油をなめるようすは、歌舞伎でも不気味なシーンとして描かれます。

じつは江戸時代、行灯には安い魚油が使われることが多く、実際に猫がなめていたと考えられます。当時の飼い猫の食事は庶民の食べ残しで栄養が不十分だったでしょうから、行灯の油で脂質をとろうとしていたのでしょう。


『梅幸百種之内(ばいこうひゃくしゅのうち) 岡崎猫(おかざきのねこ)』

豊原国周作

愛知県岡崎市に伝わる化け猫伝説の歌舞伎絵。化け猫が行灯の油をなめる姿を見た人物は殺されてしまいます。

134

「生類憐れみの令」でつながれていた猫が放し飼いになる

歌川国貞の浮世絵。道に水をまこうとしている女性の横に放し飼いの三毛猫がいます。

英斎『蚕やしない草』の一部。屋根の上で眠る放し飼いの猫たちがいます。

犬将軍・徳川綱吉が発した「生類憐れみの令」は犬だけでなくあらゆる生き物が対象でした。**猫に関しては殺生や傷つけることはもちろん、見世物にしたり、つなぐことも禁止**。これによって猫は放し飼いになります。

違反者への罰も厳しく、**大八車で猫をひいてしまった車引きが投獄されたり、井戸に猫が落ちて溺死したのを管理不行き届きとして八丈島に島流しにされた**男の記録も残っています。こうなると動物は人にとってやっかいものです。うっかり近寄って傷つけたら大変と食べ物をあげることも減り、人に管理されない野良犬が増えたといわれるので、おそらく野良猫も増えたのでしょう。つながれなくなったことで迷い猫も増えたといいます。綱吉の慈悲の心は、動物たちにとってはありがた迷惑だったのかもしれません。

長崎にカギしっぽの猫が多いのは出島の名残り

135

京都大学名誉教授の野沢謙氏の調査によると、**長崎県の猫のしっぽが曲がっている率（以下尾曲がり率）は79%で、国内で断トツ一位。これには鎖国時代の歴史が関係しているよう**です。

長崎の町を奴隷を連れて歩くオランダ人の絵。白黒ブチの猫はカギしっぽです。18世紀作。

鎖国時代、インドネシアにはオランダとの貿易を担う東インド会社の拠点がありました。インドネシアの猫の尾曲がり率は高く平均59・5%、なかには86%を超える地域もあります。当時はまだ船に猫を乗せる習慣があったので、**インドネシアの尾曲がり猫が鎖国時代、船で長崎に来たのでは**と推察されます。

２０１６年、これを裏づける研究が発表されました。ジャパニーズボブテイル（P.33）の短いカギしっぽを作る遺伝子がわかり、それが不完全優性遺伝（１００%発現するとは限らない）であること、**インドネシアを含む東南アジアに多い尾曲がり猫と同じ遺伝子であること**がわかったのです。日本のカギしっぽはやはりインドネシアが由来。長崎の尾曲がり率の高さは優性遺伝によるものだったのです。

136 江戸時代後期になると猫は庶民の暮らしに深く浸透する

江戸時代初期までは猫はまだ高価で数が少なく、**人々は家にネズミが出ると猫を貸し借り**していたよう。当時の公家、山科言経（やましなときつね）の日記には「岸根九右衛門尉へ猫を返しおわんぬ。四・五日借りおわんぬ」と、猫を人から借りて返したことが記されています。

とくに農家や養蚕家はネズミ退治のために猫がほしいところですが、高価で手が出ないため、**猫の絵やお札をネズミよけの縁起物として飾る風習**がありました。「猫書こう、猫書こう」といいながら江戸の町を歩く絵描きもいたそうです。

御伽草子『猫の草紙』に、歌川国芳がつけた挿絵の一部。当時は硯箱の蓋に砂を盛って猫のトイレにしていました。そえられている箸で猫の排泄物をつまみ出して処分していたそう。

ネズミよけの新田猫絵
新田道純作

上州の新田岩松家の殿様が養蚕家のために描いたネズミよけの猫絵。「八方睨み猫」ともいわれます。新田岩松家の当主が描いた墨絵の猫はネズミよけの効果が高いと信仰されました。とくに養蚕が盛んになった1790年以降は絵を所望されることが多く、1か月で100枚もの新田猫絵を描いたといわれます。
画像提供／群馬県立歴史博物館

さて、生類憐れみの令（P.186）は綱吉の死とともに1709年に解かれ、人と動物の穏やかな暮らしが戻ってきます。江戸時代中期には猫が増え庶民にも飼われるようになったよう。「猫に鰹節」（油断できないことのたとえ）や「猫に小判」（高価なものを与えても何の反応もないことのたとえ）などの言葉がこのころに生まれますが、こうした比喩は人々にとって猫が親しみのある動物になったからこそ生まれたものでしょう。**江戸時代後期の浮世絵には猫の姿が多く見られ**、人々と猫との生き生きとした暮らしぶりをいまに伝えます。

また、江戸時代には**黒猫が労咳（肺結核）に効くという迷信**もありました。当時、黒猫は烏猫と呼ばれ強い霊力や魔除けの力がある「福猫」とされていたのです。中世ヨーロッパとは真逆です。

『浄瑠理町繁花の圖』の一部
歌川広重作
縁日で招き猫を買い求める遊女が描かれています。

招き猫は飲食店や花柳界で商売繁盛の縁起物として飾られたほか、養蚕農家にも飾られたという説があります。発祥は東京の豪徳寺や今戸神社など諸説あり。招き猫は日本に多かった短いカギしっぽ（ボブテイル）です。
画像提供／招き猫ミュージアム

日光東照宮の眠り猫

徳川家康を祀る日光東照宮の彫刻「眠り猫」。裏には竹林で遊ぶ2羽のスズメの彫刻があり、猫が眠っているからスズメは安心できる、つまり徳川の平和な治世を意味しているといわれます。そのいっぽう、この猫は獲物に襲いかかろうとする姿で目もじつは薄く開いており、眠ったふりをして周囲に目を光らせているという説もあります。

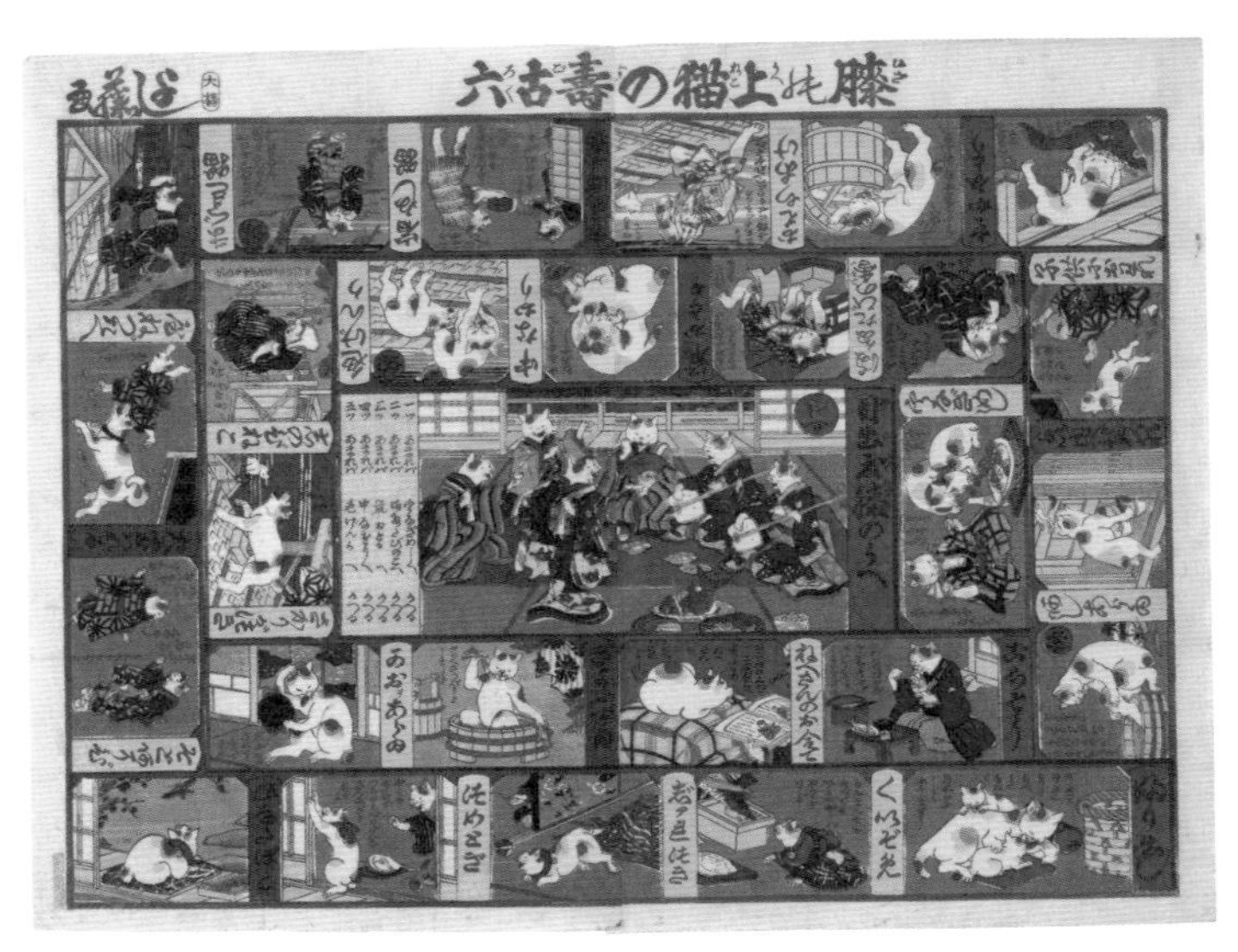

『膝の上猫の寿古六』
歌川芳藤作

子どもたちの遊びに使われた玩具絵、手遊び絵のひとつ。江戸時代から明治時代にかけて活躍した歌川芳藤（よしふじ）の作品。生き生きとした猫の姿が楽しい。ゴールは「目出度膝（めでたくひざ）のうへ」。

『見立多以盡　とりけしたい』 月岡芳年作

かなよみ新聞を読む女性の横に茶白の猫が。かなよみ新聞は当時の芸能週刊誌のようなもの。創刊した仮名垣魯文（かながきろぶん）は大の猫好きで、「猫々奇聞」（みょうみょうきぶん）というコラムを連載していました。

『山海愛度図会　をゝいたい』 歌川国芳作

首輪をつけた猫が女性の体によじのぼっています。爪を立てているので痛いはずですが女性は笑顔。かわいがっているようすがわかります。

『たとゑづくしの内』の一部　歌川国芳作

右上から時計まわりに「猫に鰹節」「猫の尻に才槌（さいづち）」（つりあわないことのたとえ）「猫に小判」「猫を被る」を表しています。こうした猫のことわざは江戸時代に多く生まれました。短いしっぽが多いところにも注目（P.184）。

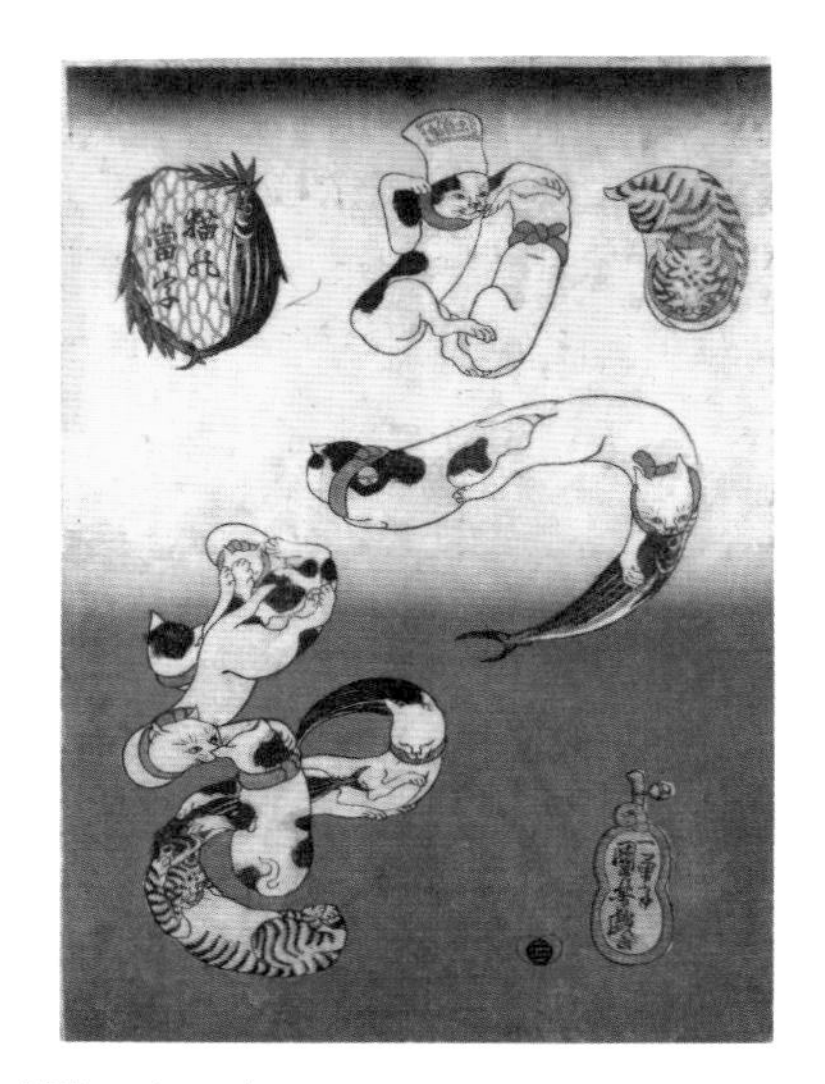

『猫の当て字』　歌川国芳作

猫の姿で文字を表したもの。1匹1匹が自然にうまくはまってます。ほかに「うなぎ」「なまず」「たこ」「ふぐ」などの当て字もあります。

『黒船屋』　竹久夢二作

夢二が最も愛した彦乃という女性を描いたものといわれます。彦乃は結核で亡くなりました。この絵が描かれたのは大正8年ですが「黒猫が労咳に効く」という迷信がまだ残っていたのかもしれません。

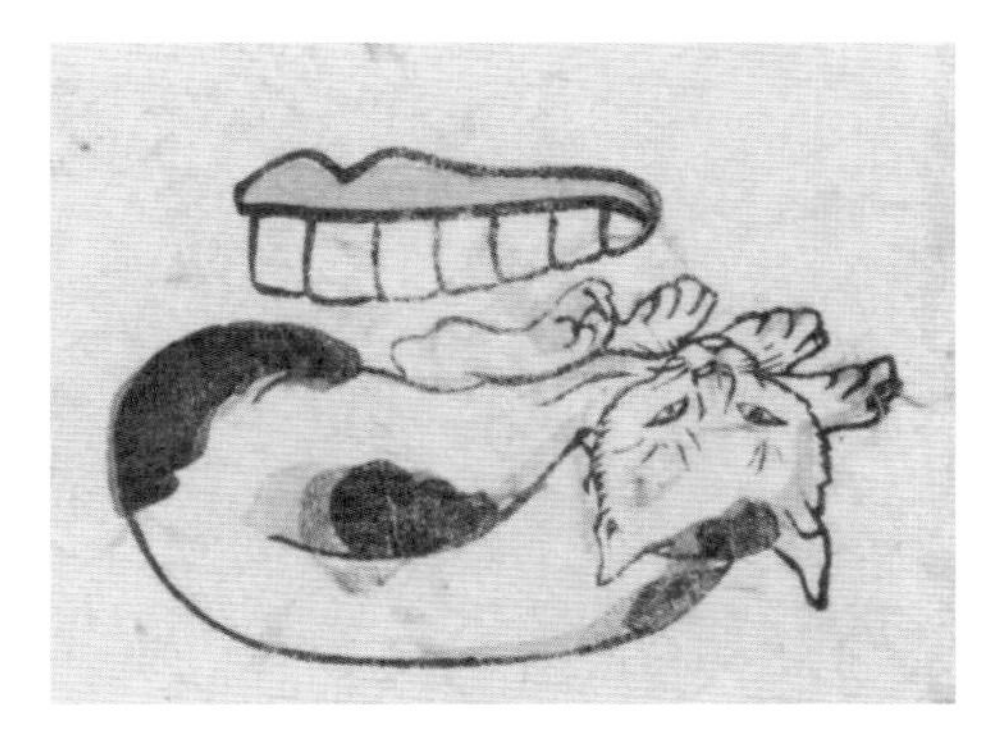

『東海道五十三次はじ物』の一部

歌川芳藤作

江戸時代に流行った「判じ絵」（絵のなぞなぞ）で、これは歯と逆さまの猫で「箱根」。駄洒落を楽しんだ小粋な町人文化が伝わる絵です。

137

天璋院篤姫の猫はセレブすぎる生活を送っていた

『近世人物誌／天璋院殿』
月岡芳年作
子どもが抱いている猫はサト姫とされます。サト姫は紅絹紐（もみひも）に銀の鈴の首輪をしていたといいます。

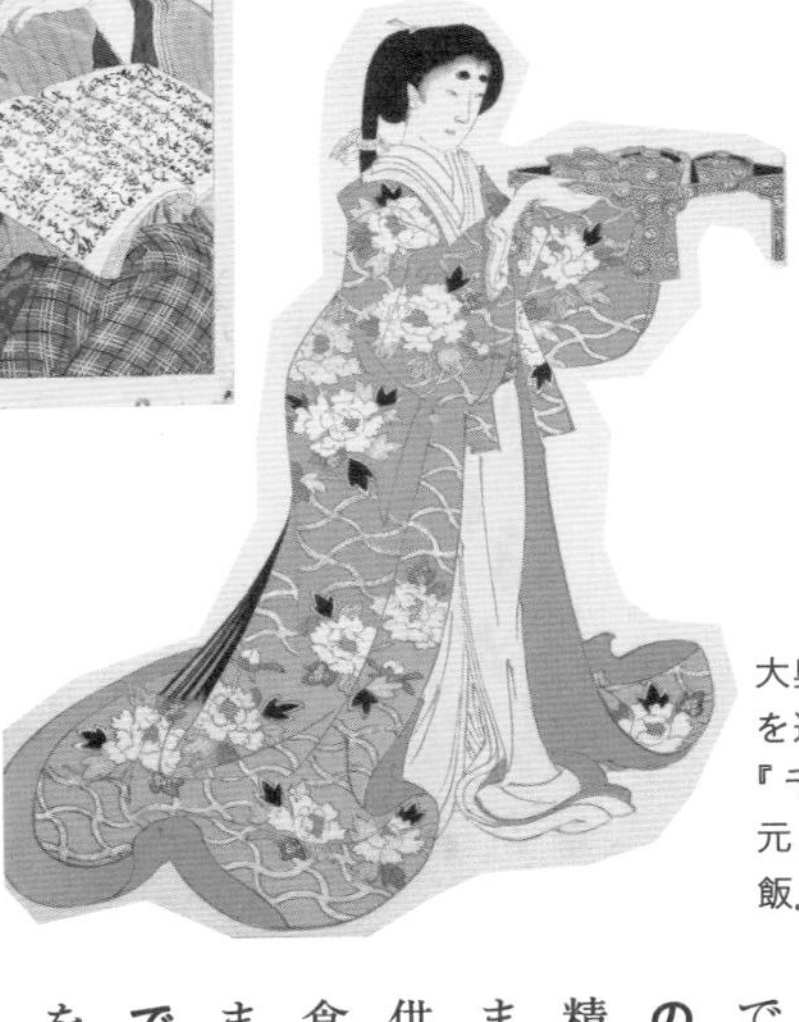

大奥の女中がお膳を運んでいる様子。『千代田之大奥元旦二度目之御飯』豊原周延作。

幕末〜明治の時代を生きた天璋院篤姫はサト姫と名づけたメス猫を飼っていました。サト姫は人もうらやむ生活で、食事は黒塗りのお膳で運ばれ**年間の食費は25両**（現代の250万円ほど）。精進日は肉や魚を食すことが禁じられますが、サト姫には鰹節とドジョウが供され、3人の専属世話係はサト姫の食べ残しを食べることもあったといいます。**大奥のなかで唯一、自由恋愛ができたのもサト姫**。発情期になると姿を消し、毎年子猫を産んでいたといいます。すると女中たちが子猫をもらいたいと殺到。階級の高い女中は一生奉公で子どもをもつことがありません。その代わりに猫をかわいがりたかったようです。

サト姫は16歳まで生きたそう。この時代にしては相当長生きだったのは、豊かな暮らしのおかげでしょうか。

138 南極観測隊とともに旅したオスの三毛猫がいた

まだ戦争の爪跡が残る昭和31年、日本の南極観測隊が犬連れで南極へ行ったことは映画『南極物語』などで知っている人も多いでしょう。やむを得ず南極に置き去りにされた樺太犬(からふといぬ)のうちタロとジロが翌年まで生き抜き、隊員と再会を喜ぶ姿は日本中の人々の心を揺さぶりました。

じつはこのとき、**タロやジロといっしょに南極に行った猫がいます**。オスの三毛猫たけしです。オスの三毛猫は縁起がいいということで航路の安全を願って船に乗せられました。犬はそりを引くという重要な任務がありましたが、たけしの役目は自由に遊ぶのみ。厳しい環境で観測を続ける隊員たちにとっては、動物たちと過ごすひとときは癒やしだったのです。たけしが基地の中で隊員とまったり過ごしたり、お気に入りの隊員のあとをついて歩いたりする貴重な写真が残っています。

たけしは翌年、無事に日本へ帰還。隊員の家族として迎えられましたが、1週間ほどすると姿を消してしまったそう。またどこか旅に出かけてしまったのでしょうか。

(左)基地の食堂でまったりしているたけし。永田武隊長と同じ名前がつけられました。(上)まるでボスのように子犬を引き連れて歩くたけし。
画像提供/国立極地研究所

PHOTO MUSEUM

明治～昭和の作家たちと猫

創作活動と猫は相性がよいようで、
日本の有名作家にも猫好きが多数。
その一部を紹介します。

夏目漱石にヒット作を書かせた黒猫

初の長編小説『吾輩は猫である』が人気となり漱石は作家として成功します。冒頭の「吾輩は猫である。名前はまだない」はあまりに有名。当時、漱石の家に住み着いた黒猫と漱石自身をモデルにして書いた小説で、黒猫が亡くなったとき漱石は友人に死亡通知を出したといいます。

『吾輩は猫である』
初版、下巻の挿絵。
橋口五葉作。

猫の詩も書いた室生犀星（むろおさいせい）

詩人で小説家の室生犀星は生き物が好きで、複数の犬猫を飼っていたそう。家の前に猫を捨てていく人もおり「猫屋敷の親父になってしまう」といいながらも放っておけなかったといいます。猫をテーマにした詩も残しています。

（上）火鉢に前足をかけ気持ちよさそうな顔をする猫のジイノと、それを優しく見つめる犀星。
（右）軽井沢で生まれた猫を東京に連れ帰り、カメチョロと名づけて溺愛しました。
画像提供／室生犀星記念館

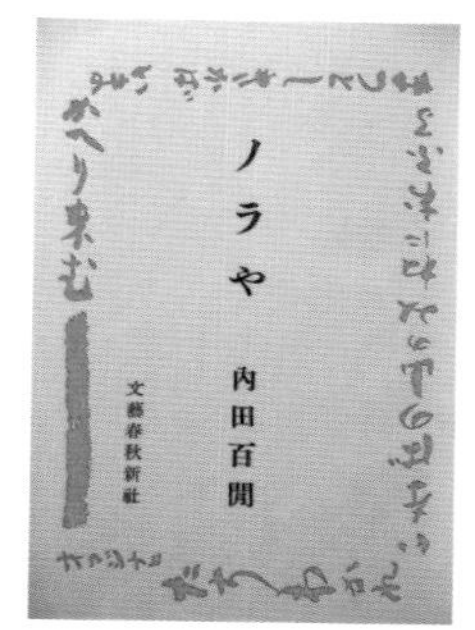

随筆集『ノラや』初版（文藝春秋）の扉には「たちわかれいなばの山の峰に生ふるまつとしきかばいまかへり来む」という中納言行平の句が書かれています。これはいなくなった猫が帰るおまじないです。

猫が行方不明になり 憔悴した内田百閒

自宅に迷い込んできた猫ノラをなりゆきで飼うことになった百閒。ノラが帰ってこなくなると心配で夜も眠れず仕事も手につかない状態に。近所を捜しまわり新聞に猫捜しの広告を出し、数千枚の迷い猫ビラをまき、昼夜泣きくれる姿は全国の愛猫家の同情を誘ったそう。

猫に口移しで食事を与えた 谷崎潤一郎

ペルシャやシャムなど洋猫を多く飼い、そのほとんどはメスだったことから猫に女性を重ねていたといわれる谷崎。随筆『ねこ』のなかで「動物中で一番の縹緻好しは猫族類」と語っています。猫に口移しで食事を与える溺愛ぶりを見て、犬派の志賀直哉は閉口したそうです。

画像提供／文藝春秋

猫を心の支えにした三島由紀夫

道で猫と出会うと必ず足を止め、書斎の襖には猫が通れるように穴を開けたという三島。「あの憂鬱な獣が好きでしやうがないのです。藝をおぼえないのだって、おぼえられないのではなく、そんなことはばからしいと思つてゐるので、あの小ざかしいすねた顔つき、きれいな歯並、冷たい媚び、何んともいへず私は好きです」（随筆『猫「ツウレの王」映画』より）。さすがの感性です。

500匹の猫と暮らした大佛（おさらぎ）次郎

大佛次郎もその妻・酉子（とりこ）も散歩のたびに捨て猫を拾ってきてしまうほどの猫好き。生涯に飼った猫は500匹になり、猫が多すぎて戦時中は疎開をあきらめたほど。「猫は趣味で飼っているのではなく生活になくてはならない伴侶」と語っています。

(上) 大佛夫妻と2匹のシャム猫。一度に飼うのは15匹までと決めていましたが、ある日次郎が食事中の猫を数えると16匹。「おい、1匹多いぞ」というと、酉子夫人は「それはお客様です。御飯を食べたら帰ることになっています」と答えたそう。(下) 猫たちと庭でたわむれる大佛夫妻。絵画のように美しい光景です。画像提供／大佛次郎記念館

藤田嗣治の猫の作品を集めた『猫と藤田嗣治』(エクスナレッジ)。

猫と女性が2大テーマの画家、藤田嗣治（つぐはる）

20世紀のパリで成功した画家、版画家。レオナール・フジタともいいます。「純血猫は必要ない。野良猫を拾います」「猫は野生的な面と飼い慣らされた面の2つの異なる性格があるから、仲良くなるのが楽しいのです」と語っています。

画像提供／文藝春秋

愛猫のギャラを飲み代にした赤塚不二夫

『おそ松くん』などの作品で有名な赤塚氏の飼い猫は白黒の菊千代。仰向けでバンザイする姿が有名になり、写真集が出たり、CMに複数出演するほど人気になりました。赤塚氏が赤塚菊千代名義の口座を作り菊千代のギャラはそこに入金しますが、その大半は赤塚氏が飲食費として使ってしまったそう。

1982年に発行された菊千代の写真集『吾輩は菊千代である』（二見書房）。見事なバンザイ！

家には必ず猫がいた池波正太郎

時代小説家の巨匠、池波正太郎の家には多いときで9匹の猫がいたそう。「昔から猫を飼っているので猫のいない家など考えられない」と語る池波正太郎には、書斎で猫を傍らに晩酌したり、筆が行き詰ったときに猫からヒントを得て、ご褒美に猫に車海老を与えたなどのエピソードがあります。

エッセイ集『おおげさがきらい』（講談社）の表紙も猫といっしょ。

PHOTO MUSEUM

ホワイトハウスの猫

アメリカ大統領と暮らした猫たちをご紹介。
自由気ままにふるまう猫たちには、
大統領も国民も思わず笑顔です。

クリントン大統領の猫ソックス

クリントンの長女チェルシーに保護された元野良猫のソックス。多くのカメラを向けられても物怖じしない姿で一躍人気者になりました。ホワイトハウスの子ども向けウェブサイトのキャラクターになったり、切手の絵柄になったり。子どもたちからは多くのファンレターが届いたそうです。

ケネディ大統領の猫トム

ケネディの娘キャロラインの猫だったトム。残念ながらケネディが猫アレルギーだったため秘書の家にすむことになりますが、ケネディが不在のときは秘書がトムを連れてキャロラインに会わせていたそう。猫を抱いている女性は報道官。

ワシントン中が捜した
タイガー

第30代大統領クーリッジの妻は2匹の猫タイガーとブラッキーを飼っていました。ある日タイガーが行方不明になり、妻はラジオでワシントン中に情報提供を求めたそう。幸いタイガーはホワイトハウスから800m離れた海軍の建物で発見され、無事帰還しました。右上の写真はタイガーと保護した警備員。

バイデン大統領の猫ウィロー

2022年、ホワイトハウスに新しいファーストキャットがやってきました。選挙活動中の2020年に農場を訪れたとき演説台に飛び込んできた猫で、バイデン夫人がひとめぼれしたそう。夜はバイデン氏の顔の横で眠っているそうですよ。

繁殖管理がキーワード

に誇れる好例です。小笠原の固有種を守るため野生化した猫を捕獲し、殺処分するのではなく里親が探しやすい東京に移送する。手間はかかりますが誰もが幸せになれる方法です。

2023年、ハーバード大学のチームが注射で猫を不妊にする方法を発表しました。実用化はこれからですが、近い将来、開腹手術をしなくても注射1本で繁殖制限ができる未来が来ます。さらにもっと簡単に、不妊薬をフードに混ぜて食べさせるだけという方法が開発できれば、繁殖制限はさらに進みます。

猫を世界に広め、増やしたのは人間。増えすぎたからといって殺処分して解決しようというのはあまりに身勝手ですし、頭のいい方法とは思えません。また、「自然のまま増えて何が悪い」という考え方も私はちがうと思います。人間が食事をあげるなど関与している時点でもう自然ではないのです。野生で狩りをして暮らすリビアヤマネコでない限り、人間が管理すべきです。

命を奪う悲しい選択ではなく、幸せな共存のために人間の叡智と科学の力を使いたい。そう遠くない未来に、それが実現するはずと信じています。

小笠原では希少種を猫が襲っていました。「小笠原ネコプロジェクト」では希少種を保護するため、野良猫を捕獲して東京に送り、里親探しをするなどの活動をしています。
画像提供／小笠原自然文化研究所

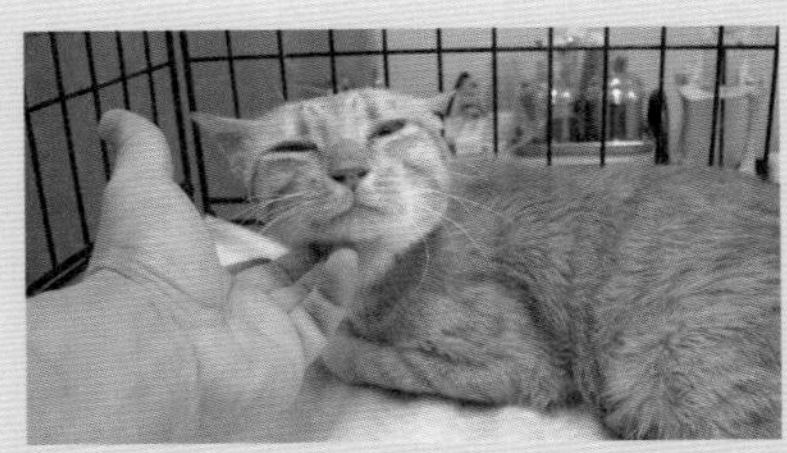

小笠原から東京にやってきたはじめての猫、マイケル。新ゆりがおか動物病院の小松泰史先生から人慣れトレーニングを受け、いまではとっても人懐こい猫に。上の写真の鳥をくわえた猫と同じとは思えません。

猫と人の“これから”は

いま世界で問題となっているのは猫の数が増えすぎていること。故郷の砂漠よりも過ごしやすい環境で、かつ栄養状態がいいと猫は驚異的なスピードで増えていきます。メス猫は生後半年で子猫を産み、年に複数回出産します。1匹のメス猫を放っておけば1年後に20匹に、3年後には2,000匹以上になるといわれます。そして猫は優秀なハンターであるがゆえに、ほかの動物を絶滅させてしまうこともあります。

イエネコは世界の侵略的外来種ワースト100と日本のワースト100に入っています。慈しむべき愛玩動物であるいっぽうで、侵略的外来種でもある。数十万円もする純血種がいるいっぽうで、害獣として殺処分される猫もいる。こんな動物はほかにはいません。このいびつな状態を作り出したのはほかならぬ私たち人間です。かわいらしくて役にたつと、本来の生息地から猫を連れ出し世界中に広めたのは人間ですから……。

オーストラリアのように固有種を守るため猫を大量に殺処分すると決めた国もあります。日本も年々減ってはいますが、毎年1万匹以上の猫を殺処分しています。どの国も猫が嫌いで殺処分するわけではありません。殺処分は誰も望みませんし誰も幸せになりません。数が減りさえすれば殺処分しなくて済むのです。

現在、全国各地で行われている地域猫活動はこの問題の代表的な平和的解決方法です。野良猫に避妊去勢手術を施し、それ以上増えないようにする。時間や費用はかかりますが、人道的です。全国のボランティアが頑張っています。

また2005年から続けられている「小笠原ネコプロジェクト」は世界

放っておけば猫はどんどん増えていきます。人より猫の数が多い島は日本にいくつもありますが、喜ぶべきことではありません。

野良猫を捕獲して去勢避妊手術を施し、もとに戻すことをTNRといいます。Trap（捕獲）、Neuter（不妊手術）、Return（もとに戻す）の略で、繁殖抑制にすぐれた効果があります。
画像提供／公益財団法人どうぶつ基金

公益財団法人どうぶつ基金のフライヤー。去勢避妊手術をした猫はその印として耳先をVの字にカットしますが、それが桜の花びらに似ていることから「さくらねこ」と名づけ、野良猫に去勢避妊手術をする活動を啓蒙しています。
画像提供／公益財団法人どうぶつ基金

野良猫を手術や保護のために捕獲する際は専用の捕獲器を使います。全国の保健所や愛護団体から借りることができます。

保護猫の里親探しが全国で行われています。ただ、こうした野良猫の保護先はつねに満杯のことが多く、やはりTNRを行って野良猫の数を増やさないことが必要です。

6

猫に好かれる人間になる

140 人間がこんなに猫を好きなのは、猫が“永遠の赤ちゃん”だから

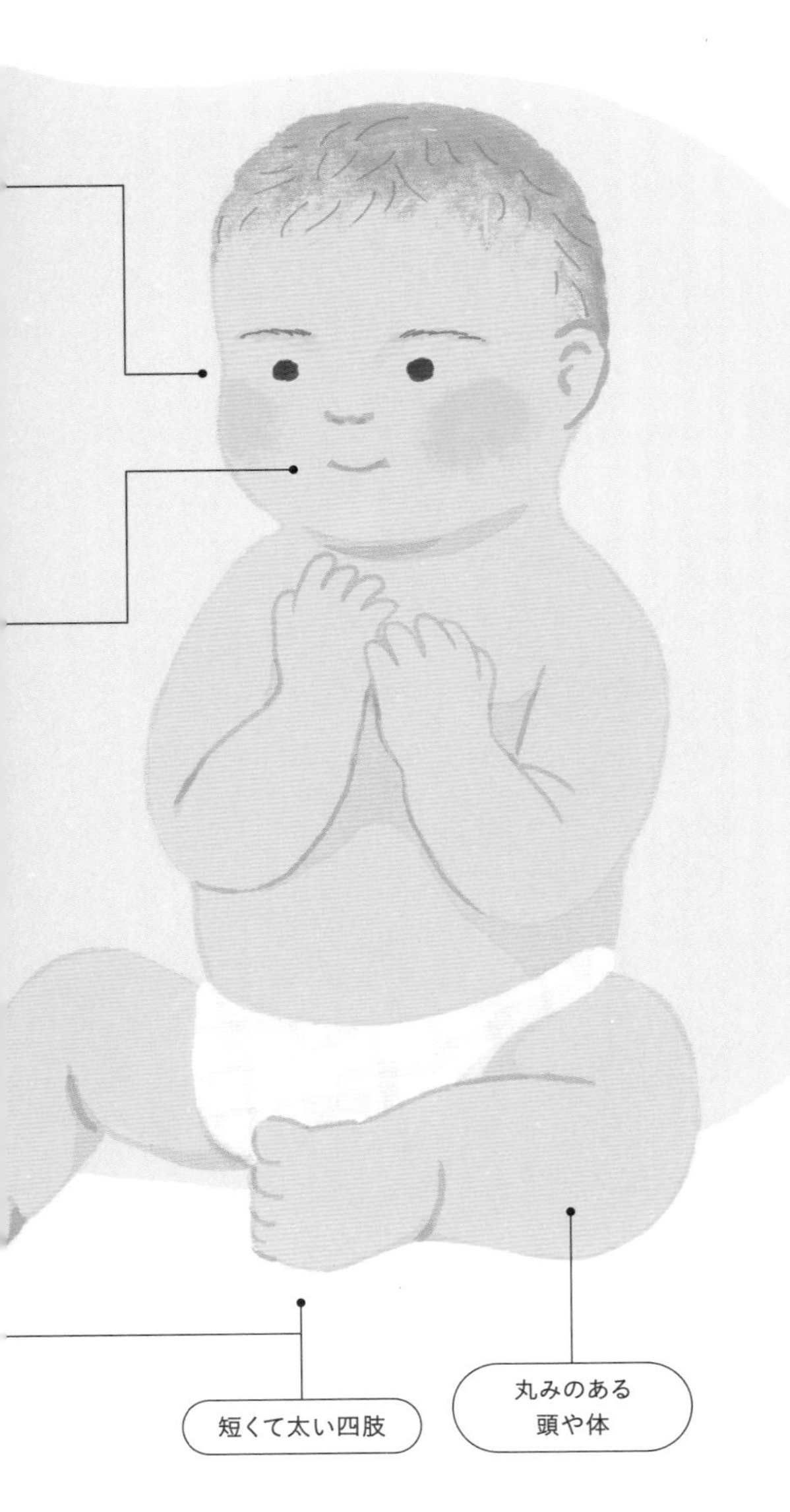

突然ですが「かわいい」ってなんでしょう。私たちの「かわいい」と思う気持ちは何によって発動するのでしょうか。**答えは「赤ちゃんがもつ特徴」**です。丸く大きな頭、ぽっちゃりした頬、大きな目、小さな鼻と口、太く短い足、丸みのある体型などなど、これらの特徴はBaby Shema（ベビーシェマ／幼児図式）と呼ばれます。人はこうした特徴をもつものは何でも「かわいい」と思ってしまいます。マスコットキャラクターしかり、ぬいぐるみしかりです。

人が猫をかわいいと思うのは、猫にベビーシェマがあるからです。子猫は当然ベビーシェマがてんこ盛りですが、

成猫になっても丸い顔や大きな目などの特徴を多くの猫がもち続けます。

困ったことに(?)、**ベビーシェマは「このかわいい存在を守ってあげたい」という感情をも引き起こします。**自分では何もできない赤ちゃんは、大人に自分を養育させるためにベビーシェマという武器をもつといわれます。

赤ちゃんはいずれ成長し養育の必要がなくなりますが、猫はいつまでも人間に頼りっぱなし。**いわば猫は永遠の赤ちゃん**です。

猫を抱えたときのサイズ感や重さも赤ちゃんとの共通項。猫から伝わってくる体温の高さにじんわりと心が満たされるのは私だけではないでしょう。

このかわいくてワガママな永遠の赤ちゃんに翻弄され続けるのが、私たち猫好きの運命なのでしょうね。

人間の赤ちゃんと
猫の共通点

141

赤ちゃんの泣き声にそっくりな猫の鳴き声を聞くと、人は世話をやかずにはいられない

ベビーシェマ（P.204）は犬にもありますし、ライオンやヒグマなど猛獣といわれる動物でも、赤ちゃんのころはベビーシェマがあってかわいいものです。しかし、ほかの動物にはなく猫にだけある武器があります。鳴き声です。街中で、猫の鳴き声かなと思ったら人間の赤ちゃんの泣き声だったという経験はありませんか？　それだけ、**赤ちゃんの泣き声と猫の鳴き声は似ている**のです。

赤ちゃんの声は大人とは音質がちがいますよね。哺乳類のなかで人間だけは咽頭の位置が低く、それによって言葉を発することができるのですが、1歳くらいまでの赤ちゃんは原始的なのどのつくりをしていて、それが赤ちゃんと猫の声が似ている要因のひとつになっています。体のわりに声が大きいところも同じです。

赤ちゃんの泣き声はSOSのサインで、それを聞くと人は一刻も早く不快な状況を改善してやらなくてはと感じます。おむつを替えたほうがいいのかそれともミルクをあげたほうがいいのか、あれやこれやとやってみて赤ちゃんが泣き止むとひと安心。人間に世話をやかせる力が赤ちゃんの泣き声には

miaw～

あるのです。

その赤ちゃんの泣き声と猫の声が似ているということは……もうおわかりですね。**猫が鳴くと人は世話をやかなければと思ってしまう**のです。とくに必死に助けを求めるような、ひっきりなしに鳴く声が聞こえると、もうじっとしてはいられません。街中で聞きつけた場合はどこで鳴いているのか、困った状況なら助けなければと、いつもなら出ないパワーがわいて探し回ってしまいます。これは私だけではないはず。もう、**鳴き声に突き動かされている**としか思えません。こうやって猫は、太古から人間の庇護を思うままに受けて生きてきたのでしょう。

猫と女性の相性は最高

哺乳類では育児は主にメスが担当します。人間も同じで、女性には育児に必要な能力が備わっています。そのぶん育児から得られる喜びも大きく、育児によって脳の報酬系（快楽をもたらす神経回路）が活発になりやすいという特徴があります。こうした特徴をもつ女性が猫に惹かれるのは当然のこと。実験でも、猫をなでたときの女性の喜びは男性より大きいことがわかっています。

いっぽう猫のほうも、声が高く物腰のやわらかい女性には心を許しやすいよう。とくに落ち着いた大人の女性は猫を見ても騒ぐことがないため安心できるようです。猫と女性は相思相愛なのですね。

ちなみに男性は育児経験を積み重ねるほど脳の報酬系が活性化していくのだとか。猫との関係も、いっしょに過ごす時間が長くなればなるほどお世話上手になって、より仲良くなれるようです。

142 猫に好かれるには、猫に主導権をもたせるといい

猫との接し方ガイドライン「CATプロトコル」

2020年にロンドンの保護施設での実験に使われた「CATプロトコル」というガイドラインがあります。人がこのガイドラインを守って猫と接すると、そうでないときと比べ猫が格段に友好的になったといいます。ですから猫と接するときは、このガイドラインを指標にしましょう。

ポイントは「猫に主導権をもたせること」。人間からガツガツ行くと猫は気持ちが引いてしまいますし、怖がったり、ときには攻撃されることも。実験でも、人から猫にアプローチしたときより、**猫から人にアプローチしたときにかまってあげたほうが長く交流できる**ことがわかっています。好きな気持ちは胸に秘め、向こうが心を開くまで待つ。なんだか恋愛と似ていますね。人も猫も、つきあい方の極意は同じなのかもしれません。

C　Control（制御）& Choice（選択）

接触するかどうかは、猫に主導権（選択肢）を与えよう。

- 座ったまま動かず、ゆっくりと猫に手を差し出し自発的に近づくのを待つ。交流をもつかどうかは猫の自主性に任せる。
- 猫がさわってほしいときは自分から体をこすりつけてくる。このサインが見られないときは無理にさわろうとしない。
- 猫が離れたいときはそうさせる。猫を追わない。
- どのくらい猫をなでるかは猫の意思を尊重し、3～5秒に一度、猫を観察する。なでるのをやめたときに「もっと」というふうに体をこすりつけてこない場合はひと休みする。

T Touch（接触）

さわる場所に気をつけよう。

- 人懐っこい猫は耳のつけ根、頬の辺り、あごの下をさわられるのを好む。
- しっぽのつけ根やおなかをさわるのは避ける。背中、足、しっぽをさわるときは注意する。猫をよく観察して気持ちよさそうかどうかに細心の注意を払う。

A Attention（注意）

猫の反応に注意しよう。下記のサインが見られたらひと休みする。

- 猫が自分から距離を置く。
- 耳が平らになったり後ろを向く。
- 頭を振る。
- 背中の皮膚が波打つようにピクピク動く。
- 鼻先をなめる。
- のどを鳴らすのをやめたり、体のこすりつけをやめておとなしくなる。
- あなたの顔や手のほうにすばやく視線を向ける。
- 突然、数秒間だけ毛づくろいを行う。
- しっぽが激しく動く。

さわってよい場所、悪い場所

どの猫もさわられて気持ちいいのは場所は顔まわり。腰は敏感な場所で、トントンされるのが好きな猫もいますし、逆に大嫌いな猫も。腰をなでてみて嫌がるサインを見せたらさわるのをやめておきましょう。

143 自分に慣れていない猫をじっと見つめるのはタブー

P.122でもふれましたが、猫の世界では親しくない相手を凝視することはケンカを売る意味になります。飼い始めでまだ慣れていない猫や、猫カフェなどではじめて会う猫をじっと見つめると、「威嚇されている」ととられかねません。とくに**人間の目はふつうに開けた状態で白目がはっきり見え、黒目がどこを向いているかわかりやすくなっています**。これはほかの動物にはない特徴。この目のおかげで人間どうしは目くばせなどのコミュニケーションができますが、猫にとっては特別怖い目にうつっている恐れがあります。

慣れていない猫はじっと見つめず、目の端で確認するのが一番。どうしても見たいときは薄目か、ゆっくりとまばたきしながら見ましょう。まばたきは、「威嚇する気はありませんよ」というリラックスのサインになります。

人がゆっくりとまばたきしながら猫に手を差し出すと、猫が手に近づいてくる率が高くなることがわかっています。

144 「赤ちゃん言葉」で話しかけるのは正解

猫に話しかけるときについ「かわいいでちゅねえ！」など赤ちゃん言葉になってしまう人は多いはず。赤ちゃん言葉の特徴は高い声、ゆっくりしたテンポ、大きな抑揚で、これは猫にも聴きとりやすい話し方なので正解です。

２０２２年に発表された実験で、**猫は飼い主が自分に向かって話しかけたときと、ほかの人に向かって話しかけたときとを口調で聴き分ける**ことがわかりました。同じ「おやつがほしい？」「遊びたい？」などの言葉でも、相手が人か猫かで自然と口調が変わり、猫は「猫に向かって発した言葉」だけに反応したそう。猫が自分の名前を聴き分けることは実験で確かめられていますし、「ごはん」などの単語に反応する猫も多いですが、単語ではなく口調から自分宛かどうかを聴き分けるとは、また新しい発見です。

146

猫との接触は指1本から始める

①

人さし指を
猫の顔の前に
差し出す

まずは人さし指を猫の鼻の前に差し出し、においチェックをしてもらいます。猫が首を伸ばして指先を嗅いだらにおいチェック終了。これは友好的な猫どうしが鼻と鼻をつけてにおいを確認するのと同じことです。猫が指先のにおいを嗅がず固まったままだったり、首をすくめたり、後ろに下がったりしたらそれ以上は接触せず、時間をおいて再チャレンジ。液状おやつを指先につけ、猫の前に差し出してなめ取らせるのも、猫の警戒心を減らすのによい方法です。

その指で
猫の顔を
少しだけさわる

指先のにおいチェックが済んだら、人さし指をゆっくりと動かし顔まわりをちょっとだけカキカキ。においチェック→カキカキをくり返し、じょじょにカキカキの時間を延ばします。指の数をだんだんと増やし、最終的に手の平全体でさわれるようになるとよし。

P.208の「CATプロトコル」によると、猫が自分から体をこすりつけてきたら「さわってOK」のサイン。猫がさわられて気持ちのよい場所からスキンシップを始めましょう。その場合も、**指1本から始めるのがおすすめ。いきなり手の平全体でさわるよりハードルが低くなります。**

いつのときも「人間は猫より何倍も大きく、恐れられておかしくない存在」であることを忘れずに。とくにはじめのうちは猫を怖がらせないよう、時間をかけて警戒を解くことを重視しましょう。

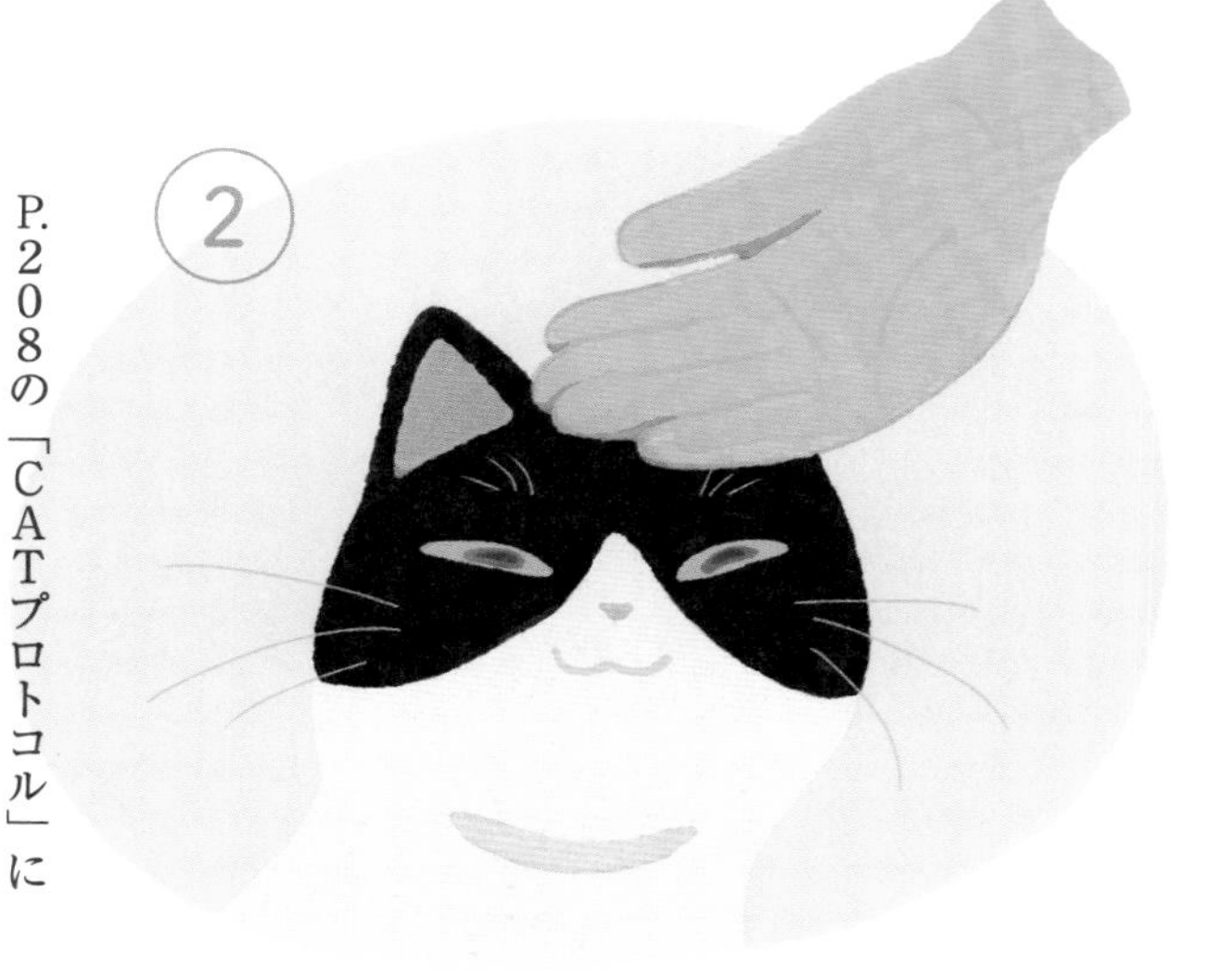

手の平より
手の甲でさわる
ほうが警戒されない

手の平でさわると怖がる猫も、手の甲は怖がらないことが多いよう。手の平だと「捕まえられる」気がして怖かったり、ふれる面積が広いのが嫌なのかもしれません。手の甲側でなでることを試してみましょう。

3

正面に対峙するより
横に座るほうが
警戒されない

目線を合わせずに横に座り、猫が逃げなければさわってみるのもよい方法。立った状態ではなく床に座って、なるべく自分を小さく見せるのは効果ありです。人間が寝転がっていると小さく見えるのか、猫が安心して近寄ってくることも多いです。

?

抱っこ好きの
猫は少ない

猫にとって完全に身を預ける抱っこはかなりハードルが高いこと。なでられるのは好きでも抱っこは苦手という猫は大勢います。

146

腹モフの誘惑？「ビーナストラップ」にご注意

なでているときに猫がコロンと転がっておなかを見せるのは、「気持ちいい。おなかもかいて」という場合と「しつこいな、それ以上やったらコロス」という場合の2通りあります。**仰向けの姿勢は弱点であるおなかをさらすというデメリットはあるものの、4本の足と口を武器に使えるというメリットがあり、反撃に使うポーズ**なのです。前者のときはかいてあげると喜ばれますが、後者のときにやると引っかかれたり牙でガブリと噛まれたり。海外では猫のこのポーズを「Venus Cat Trap」（美猫の罠）と呼ぶそう。うまいこと言いますね。

はじめは「おなかもかいて」だった猫も、ワシワシかいているうちに「しつこい！」となって攻撃してくることもあります。本当に罠としか思えません。

猫好きほど猫が嫌がる場所を触っている？

2022年に発表された研究で、猫の飼育経験や知識が豊富と自負している人ほど、はじめて会う猫でもおなかや腰など「嫌がる可能性が高い部分」をさわっていることがわかりました。たしかに私自身も、猫が平気そうならおなかを攻めたい気持ちになります。自分を100％信頼してくれている感じがして嬉しいのです。でもやっぱり、基本は大切。初対面の猫へのスキンシップは顔まわりに留めておきましょう。

147 猫がパニックになったら猫の前から姿を消そう

猫は無関係なものを関連づけて覚えてしまうことがあります。例えば具合が悪くなったとき、その日に食べたフードを二度と口にしなくなることがあります。「あのフードが原因で具合が悪くなった」と思い込むからです。実際はフードが原因でなくても、一度思い込んでしまうと考えを変えさせるのは大変です。

これと同じで、**怖いことがあったときに飼い主がそばにいると、飼い主のせいで怖いことが起きたと覚えてしまうことがあります**。ですから大きな音などで猫が驚いたりパニックになったときは、そっとそばを離れるのが賢明。在宅中でも別の部屋かトイレなどに行き、猫が落ち着くまで姿を消すと、変に嫌われることを回避できます。

「やつあたり」の攻撃もある

猫には転嫁性の攻撃があります。ストレスを無関係の他者に発散するもので、いわゆるやつあたりです。雷の音に驚いて、たまたまそばにいた飼い主さんを攻撃したり、Aの猫から受けたストレスをBの猫を攻撃することで晴らすといったことも。とくにパニックになっている猫は混乱しているので、飼い主さんがなだめようとしても効果はほぼなし。猫の命に別状がなければ、自然に落ち着くまで放っておくのが一番です。

148 猫が人に与えるよい影響ははかりしれないものがある

猫とのふれあいが癒やしを与えてくれることは昔から知られていたことですが、最近ではその科学的なエビデンスも続々と出てきました。

猫とふれあうことで幸せホルモン・オキシトシンが分泌され、気持ちが安定する。慢性ストレスが減ることで血圧が安定するなど体にもよい影響が出る。ほかに自己肯定感が高まる、集中力が高まる、脳が活性化されるなどなど、**猫を飼わない理由はないのではと思うほど、猫は人にすばらしい影響をもたらすことがわかってきています。**

心筋梗塞や脳卒中のリスクが下がる

オキシトシンは情緒を安定させるだけでなく、心拍数や血圧を安定させる効果もあります。猫を飼うことと体の健康の関係性を研究した論文は多数あり、はっきりとした影響は認められないものの、猫を飼うと心筋梗塞や脳卒中による死亡のリスクが下がるというデータもあります。また犬や猫の世話をしている高齢者は、そうでない高齢者より長生きできることを示唆する調査結果もあります。

幸せホルモンが分泌してメンタルが癒える

猫とふれあうと幸せホルモン・オキシトシンが分泌し、ネガティブな気分が減ってメンタルが安定します。ストレスをかける作業（計算）をさせたあとに猫がのどを鳴らす音（録音）を聞かせただけで心拍数が下がり、ストレスが減ったという研究発表もあります。おもしろいことにこれは猫好きでない人にも同じ効果があり、ゴロゴロの癒やし効果に注目が集まりました。

脳が活性化される

2020年に発表された実験で、猫との交流は脳の前頭前野を活性化することがわかりました。とくに活性化したのは、人が猫に指示を出してそれに従ってくれなかったとき。犬のように従順でない猫に対して「どうすれば従ってくれるだろうか」と頭を巡らすことが脳を活性化させるのだそう。猫のツンデレぶりは人の脳活にも役立つのです。

集中力が高まる

「Kawaii（かわいい）」はいまや世界に通じる言葉になったそうですが、なんと、かわいいものを見ると集中力が高まることが実験で示されました。子犬や子猫の写真を見たあとは、集中力を必要とする作業効率がアップするそう。かわいいものには「接近してくわしく見たい、知りたい」と思わせる効果があり、それが集中力につながるのだとか。「かわいい」の力ってすごいですね。

猫の画像や動画を見るだけでも効果あり

もちろん本物の猫とふれあうのが一番ですが、猫の画像や動画を見るだけでも上記のような好影響を得られることがわかっています。インターネットに猫の画像や動画があふれているのはこうした背景があるからかもしれません。インターネットのしくみを考案したティム・バーナーズ氏は、一般人から「人々のインターネットの使用目的として予想していなかったものをひとつあげて」と質問されたときに「子猫」と答えたそうです。

149 猫のほうも、たぶん人のことがけっこう好き

猫は人を利用しているだけで、愛しているわけではないという説があります。人に体をこすりつけてくるのは自分のにおいをつけるマーキングだし、玄関にお出迎えに来てくれるのはなわばりの侵入者チェックのためだし、**猫の愛情表現に見える行動はすべて飼い主の思い込みで、猫は利己的に行動しているに過ぎない**というものです。そもそも野生の猫が人に近づいてきたのは食べ物目当てだったことを考えると（P.16）、そうであっても何ら不思議はありません。

ですが２０１７年発表のアメリカの実験結果を知ると、「やっぱり猫も人間が好きなんじゃない⁉」という気になります。それはこんな実験。

部屋の床を４つの区画に分け、それぞれに猫のおもちゃ、おやつ、気になるにおいをしみこませた布（キャットニップやネズミのにおいなど）を置き、残り１区画には生身の人間（猫とは初対面）が座ります。人の区画に猫が来たら、人はおもちゃで遊んだりなでたりする交流ができます。この部屋に猫を入れたとき、どの区画にいる時間が長いかで猫の好みを知ることができるというわけです。実験に使われたのはペットの猫と保護施設の猫、計50匹のおとな猫。実験前2時間半は食事抜きでした。

私はここまで読んで、ほとんどの猫はおやつを食べるのに時間を費やすだ

猫も人との交流で免疫力が上がる

保護施設で行われた実験で、人間になでられたり遊んだりなどの交流を1日4回40分ずつ行ったグループと交流を行わなかったグループでは、前者のほうが免疫力が上がり風邪にかかる率も低くなったのだそう。とくに人懐こい猫で効果が高く、人との交流が猫の健康によい影響をもたらすことがわかりました。

ろうなと予想しました。しかし、結果は意外なことに**人との交流を選んだ猫が50%で、最も多かった**のです。とくに人気だったのは人とおもちゃで遊ぶこと。おやつを選んだ猫は37%でした。

この実験だけで「猫は食べ物より人との交流を好む」と断言することはできませんし、反論もしようと思えば可能です。実験は飼い主の自宅や保護施設で行われたので、猫は見知らぬ侵入者をチェックしに行ったと解釈することもできますし、人間はおやつやおもちゃより大きいので単純に目立つものに近づいたのだという解釈もできます。2時間半の絶食ではたいして空腹にならずおやつへの動機が下がったという見方もできるでしょう。ですからさらなる研究が必要ですが……猫も人のことがけっこう好きだと思っていても、罰はあたらないのではないでしょうか。

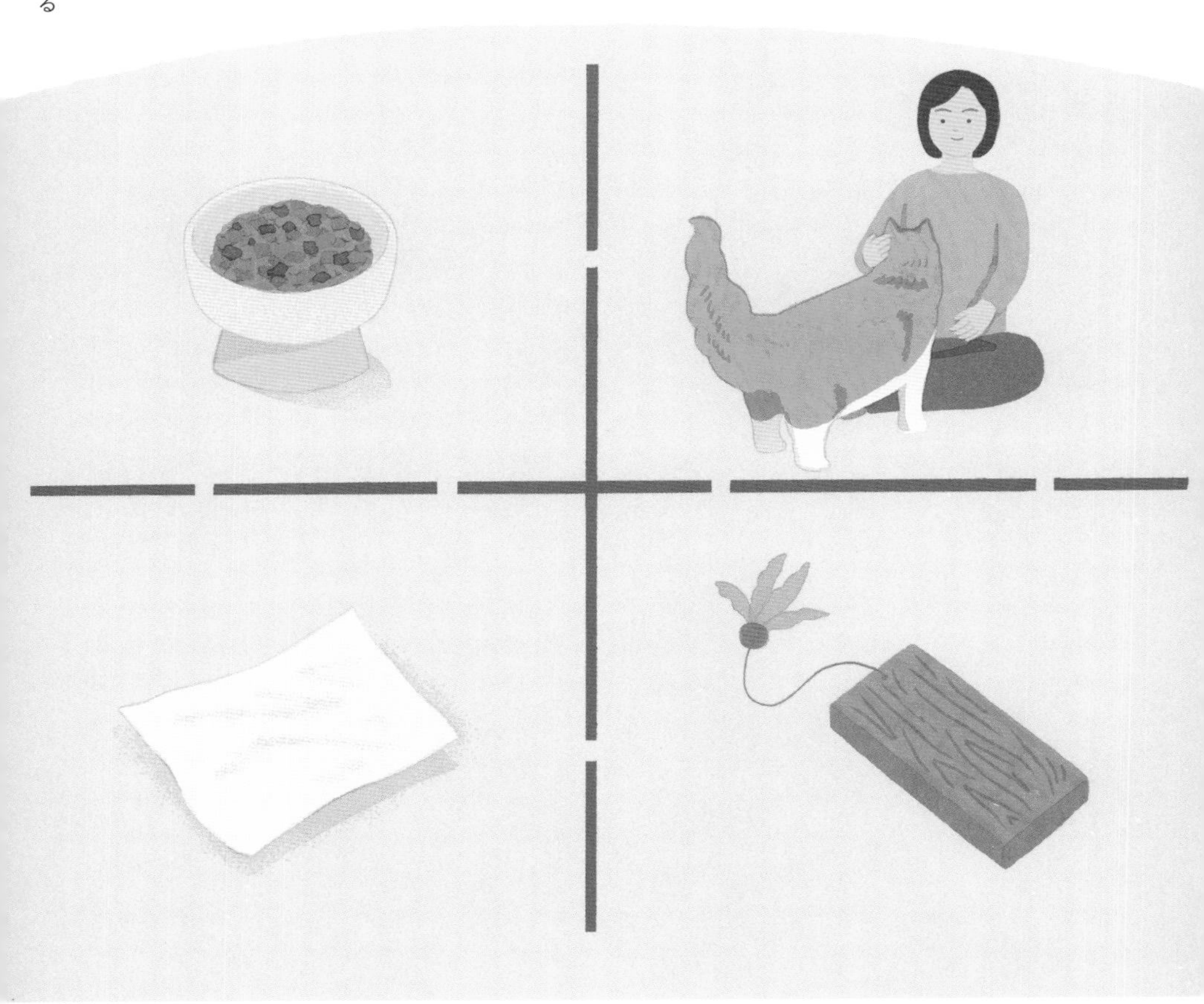

150 猫と飼い主の絆は親子の絆に近い

「心の安全基地」という言葉をご存じでしょうか。幼い子どもは母親を心の拠りどころとして成長します。見知らぬ場所でも母親がそばにいると子どもは不安を乗り越え、積極的に遊ぶことが知られています。いざとなれば戻れる安全基地があるからこそ、外の世界に果敢に飛び出せるというわけです。

このような関係が猫とその飼い主の間にもあるのか、調べた実験がありま す。それはこんな内容。見知らぬ部屋に飼い主と猫が入り、2分間過ごします。飼い主は特定の場所に座り、そこから動いてはいけません。その後、飼い主が部屋から退出。2分経ったら再

び入室し、また2分間過ごします。

計6分間の猫の行動を分析すると、**64%以上の猫は飼い主を心の安全基地としている**行動を見せました。飼い主が部屋にいるときは飼い主とくり返し接触しつつ部屋を探検し、飼い主が部屋から出ていくと出て行ったドアを見つめてたたずむなど活動量がぐんと減少。これは母親を心の安全基地とする子どもの行動と同じで、**猫と飼い主の関係は親子関係に近い**ことがわかりました。

ほかの研究でも、動物病院の診察中に飼い主がそばにいると猫の心拍数が落ち着くことが示されています。飼い主の存在は猫の安心につながっているのでしょう。猫ののびのびとしたふるまいやワガママも、飼い主さんとの関係に安心しているからこそ、なのかもしれません。

家族人数が多い家庭の猫は飼い主の名前と顔を覚えている

人が複数いる家庭では猫が飼い主の名前を覚えている可能性が京都大学の実験で示されました。実験は飼い主のふだんの呼び名（ママなど）を聞かせたあとに本人か（一致条件）本人以外（不一致条件）の顔写真をモニターに提示。飼育歴が長い猫ほど、また家族人数が多い家庭ほど、不一致条件のときにモニターを長く見つめました。

長く見つめるのは違和感をもっている証拠で、「ママ」の呼び名からママの姿を思い浮かべていることを示唆します。人数が関係しているのは、家族の人数が多いほど名前を呼ばれる機会が増えるからでしょう。ひとり暮らしの人はふだん人に呼ばれることがほとんどないので、残念ながら猫も名前を覚える機会がありません。ただ、どの猫も自分の名前や飼い主の声は覚えるようです。

151

(COLUMN)

『虹の橋』の作者が判明

愛するペットが亡くなったとき「虹の橋を渡った」と表現することがあります。もととなったのが、この詩。猫に限らず、動物を愛する人なら誰でもこの詩に心打たれるのではないでしょうか。

この詩は長らく作者不詳のまま、世界中で読みつがれ語りつがれてきました。それだけこの詩には人の心を揺さぶる力があったのです。

ですが2023年1月、あるアメリカ人の粘り強い調査によって作者が判明します。作者はスコットランド在住の女性、エドナ・クライン＝リーキーさん、82歳でした。

リーキーさんがこの詩を書いたのは19歳のとき。19歳のリーキーさんは、愛犬のラブラドールレトリバー、メイジャーを腕のなかで看取りました。リーキーさんにとってこれははじめて経験する「愛する者の死」でした。

泣き続けるリーキーさんを心配した母親が「あなたの気持ちを書いてみたら」と助言します。リーキーさんはそれに従いペンをとりました。すると言葉が自然にあふれ、あっというまに紙が埋め尽くされたといいます。「まるでメイジャーに直接話しかけているようでした」と、リーキーさんは振り返ります。

書き上げた詩を数人の友人に見せるとみな涙を流し、ほしいというので書き写して渡しました。そのとき、自分の名前は入れなかったのだそう。以降、この詩は人から人へと静かに広まっていきます。1994年にはアメリカの新聞コラムに掲載され、多くの人が知ることになりました。いまでは欧米の動物好きでこの詩を知らない人はいないほど。

その間、リーキーさんはインドやスペインにおり、詩がこれほど有名になっていることをつい最近まで知らずに過ごしていたといいます。

リーキーさんはメイジャーや、その後いっしょに暮らした犬たちの遺灰をいまも大切に保管しています。「私が死んだらいっしょに海に散骨してもらうことになっています。いっしょにアザラシのエサになるんですよ」。

ペットロスを癒やす詩

「虹の橋」

天国の「虹の橋」と呼ばれる場所。
人に愛され過ごした動物たちは、
旅立つと「虹の橋」にやってきます。
そこには草原や丘が広がり、
みな走ったり遊んだりしています。
誰もが幸せで満たされていますが、
たったひとつだけ、
足りないものがあります。
それは、別れなければならなかった、
自分たちにとって特別な恋しい人です。
ある日、突然、ある一匹が立ち止まり、
遠くを眺めます。
目を輝かせて、体を震わせます。
仲間のもとを急いで離れて、
飛ぶように走って行きます。
そしてついに、あなたはこの特別な友だちと再会します。
幸せのなかで彼を抱きしめれば、
もう二度と離れることはありません。
あなたも彼も涙を流し、もう一度頭をなで、
もう一度信頼に満ちた目で見つめます。
そしていま、いっしょに
「虹の橋」を渡っていくのです。

（一部中略）

監修●山本宗伸（やまもと そうしん）
獣医師。猫専門病院Tokyo Cat Specialists院長。国際猫医学会ISFM、日本猫医学会JSFM所属。ブログ「nekopedia」で猫の健康や習性に関する解説を発信している。飼い猫3匹。

著●富田園子（とみた そのこ）
日本動物科学研究所会員。著書に『ねこ色、ねこ模様。』（ナツメ社）、『猫を飼う前に読む本』（誠文堂新光社）、執筆に『ねこほん』（西東社）、『野良猫の拾い方』（大泉書店）ほか多数。飼い猫7匹。

デザイン・DTP　こまゐ図考室
カバーイラスト　nanana
イラスト　樋口モエ、霜田有沙、たじまなおと、ひしだようこ
図版製作　ZEST

※本書のデータは2023年9月時点のものです。

教養としての猫
思わず人に話したくなる猫知識151

2023年11月30日発行　第1版

監修者　山本宗伸
著　者　富田園子
発行者　若松和紀
発行所　株式会社 西東社
〒113-0034　東京都文京区湯島2-3-13
https://www.seitosha.co.jp/
電話　03-5800-3120（代）
※本書に記載のない内容のご質問や著者等の連絡先につきましては、お答えできかねます。

ISBN 978-4-7916-3250-3